タコのはなし

―その意外な素顔―

ウデナガカクレダコ（撮影 柳澤涼子氏）

オオマルモンダコ（撮影 川島菫博士）

オオマルモンダコ（撮影 川島菫博士）

カリフォルニアツースポットダコ（カリフォルニアイイダコ）（撮影 滋野修一博士）

カルフォルニアツースポットダコ（カリフォルニアイイダコ）孵化個体（撮影 滋野修一博士）

ソデフリダコ（撮影 柳澤涼子氏）

チチュウカイマダコ（撮影 川島菫博士）

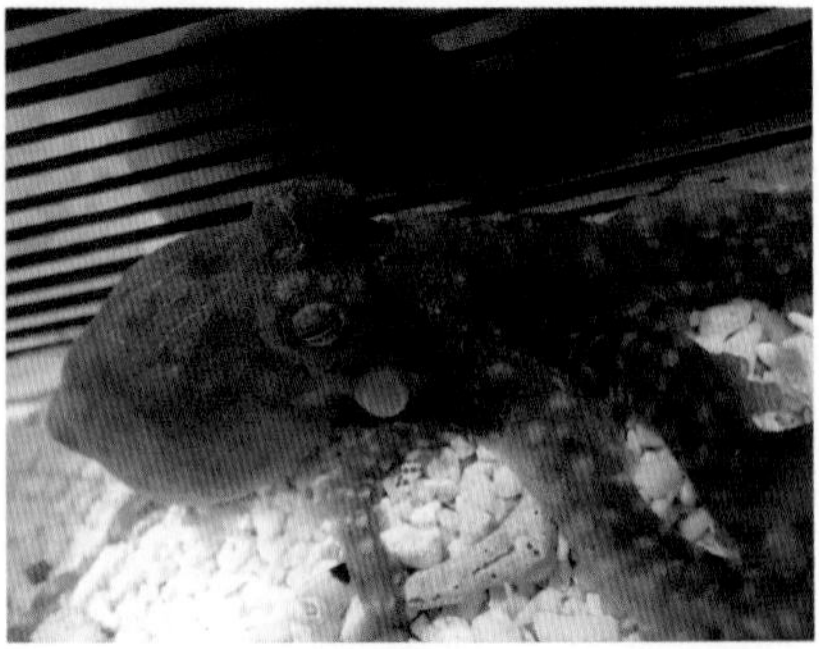

ヒラオリダコ（撮影 川島菫博士）

ヒラオリダコ（撮影 川島菫博士）

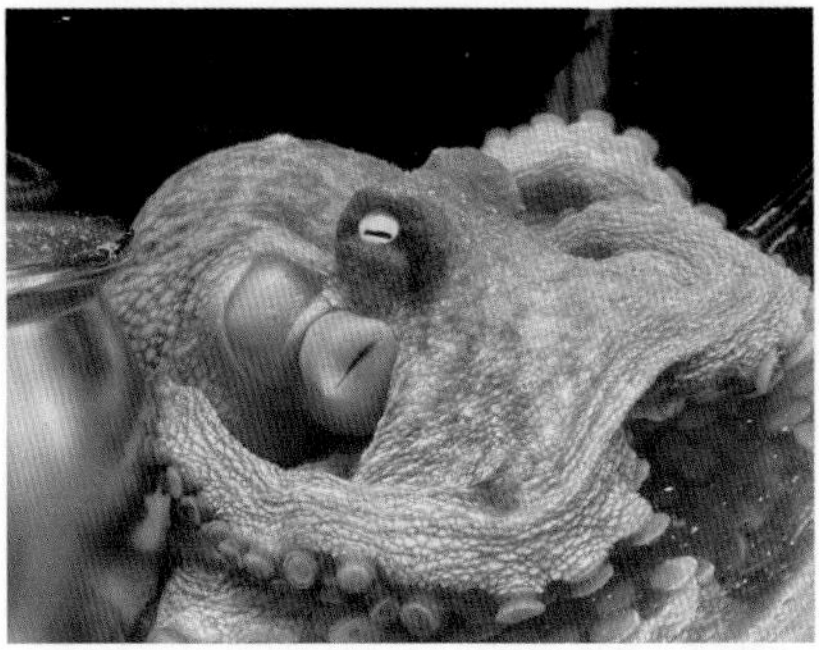

マダコ

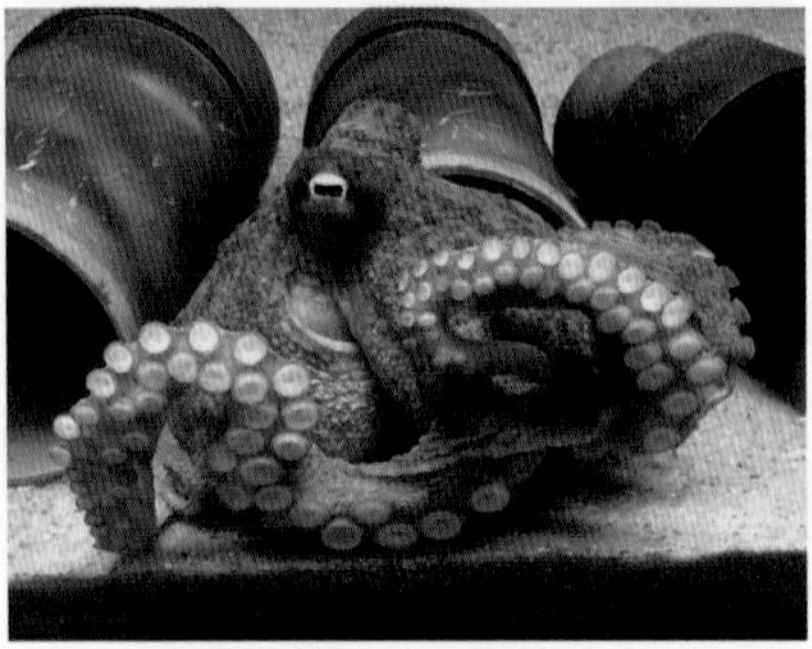

マダコ（撮影 川島菫博士）

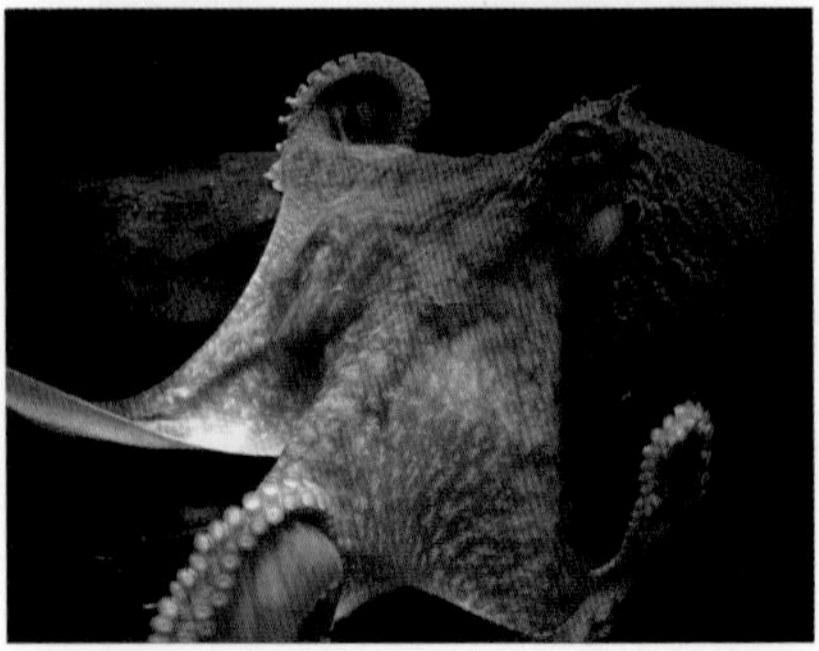

ミズダコ（撮影 川島菫博士）

ミズダコ（撮影 川島菫博士）

ワモンダコ（撮影 網田全氏）

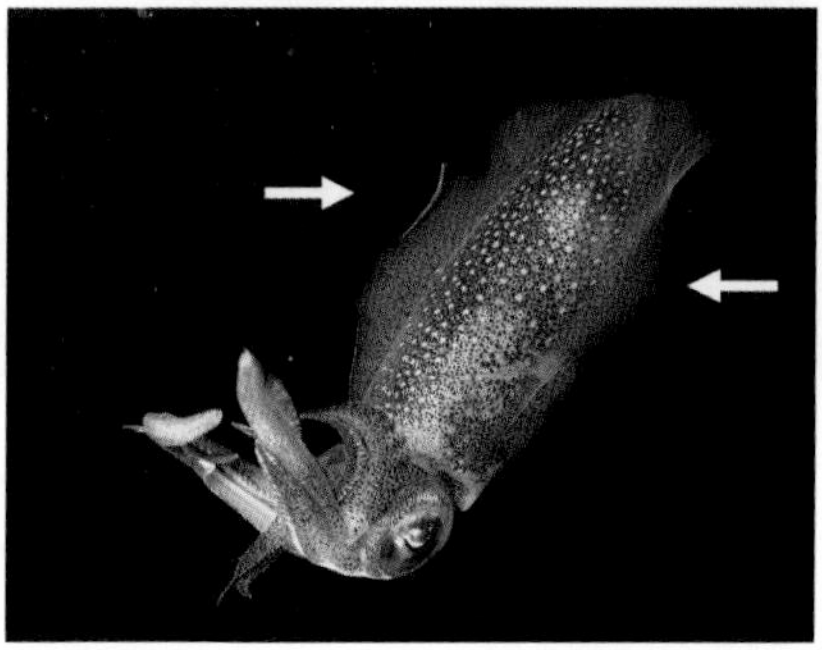

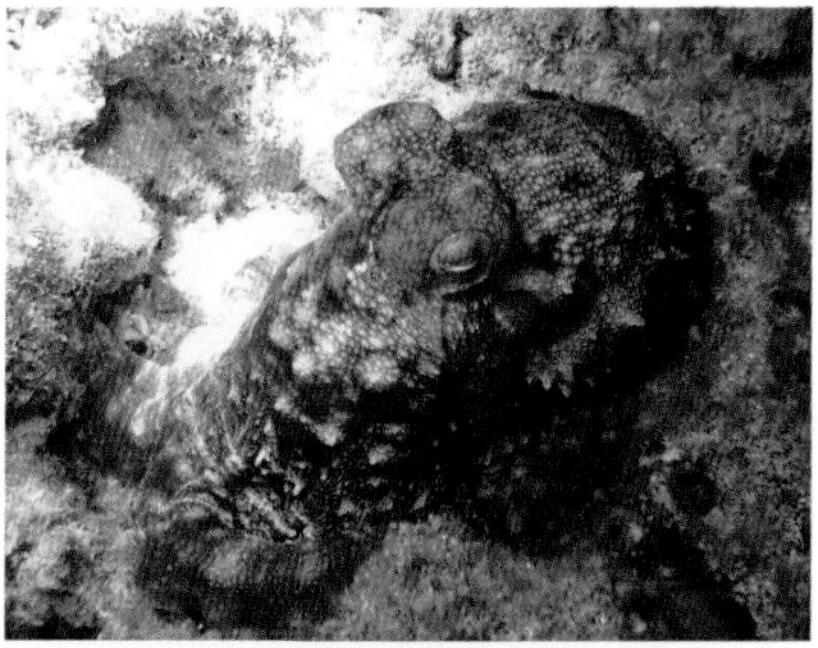

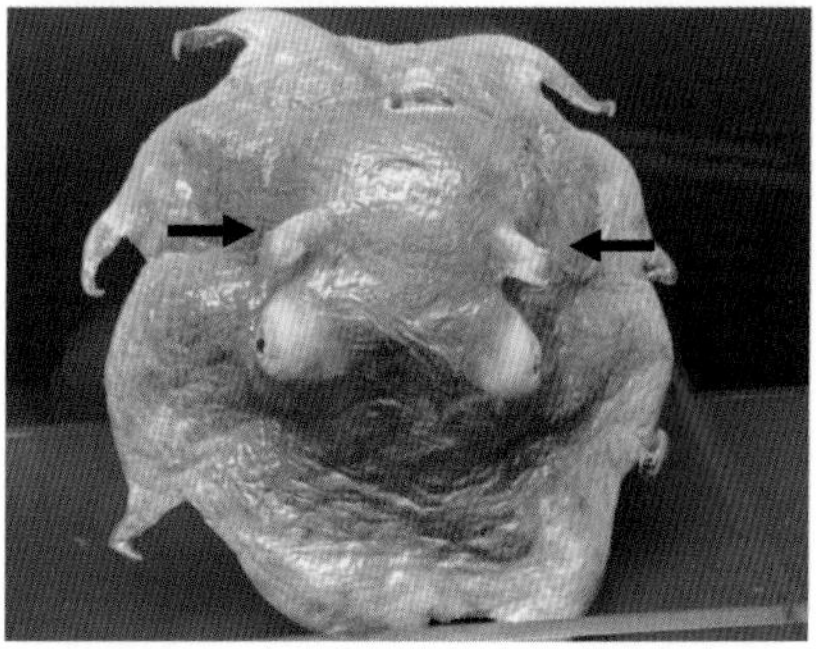

p.6図1-5　頭足類に見る鰭の有無。上：アオリイカ、中：ヒラオリダコ、下：メンダコ（沼津深海水族館所蔵の標本）。矢印は鰭を示す。（撮影　上、中、網田全氏；下、池田純氏）

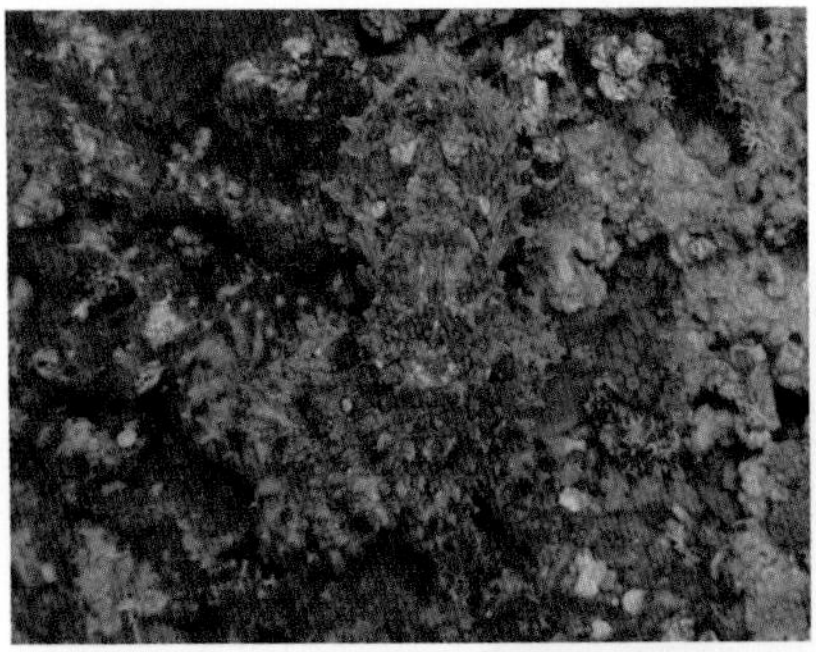

p.40図1-20　カモフラージュするタコ。写真はウデナガカクレダコ。（撮影　上：安室春彦博士、中：柳澤涼子氏、下：川島菫博士）

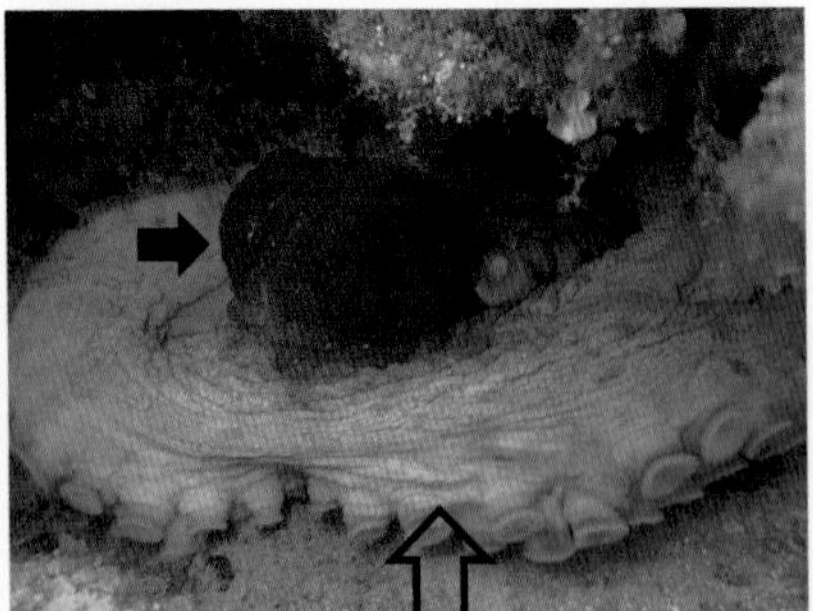

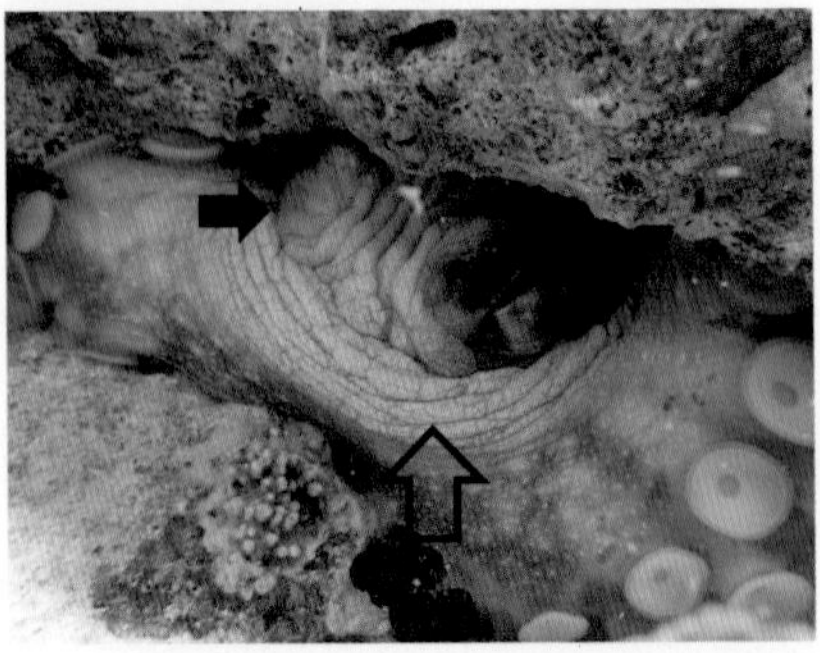

p.42図1-22　色素胞の働きで体色を変えるワモンダコ。左：頭部の色素胞が拡張（黒矢印）、右：頭部の色素胞が収縮（黒矢印）。反射性細胞（白色素胞）が働いている部位（中抜き矢印）。（撮影　網田全氏）

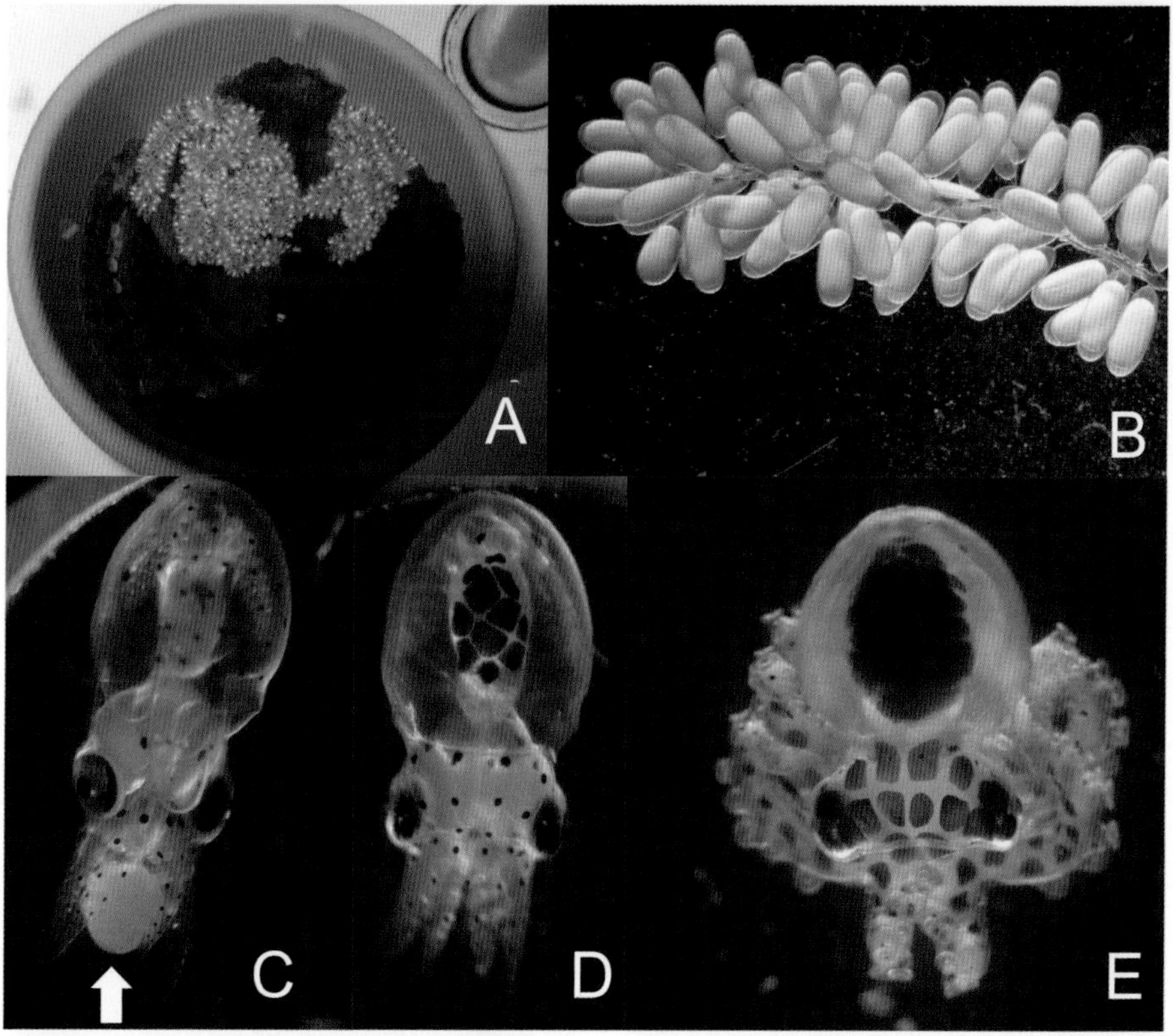

p.54図2-1　タコの抱卵と卵稚仔。抱卵する雌タコ（A）、タコの卵塊（海藤花）（B）、タコの孵化個体（C, D）（C は外卵黄［矢印］を抱えている）、タコの着底個体（E）。写真は何れも飼育下のウデナガカクレダコ（撮影：A, B 柳澤涼子氏、C–E 島添幸司氏）。

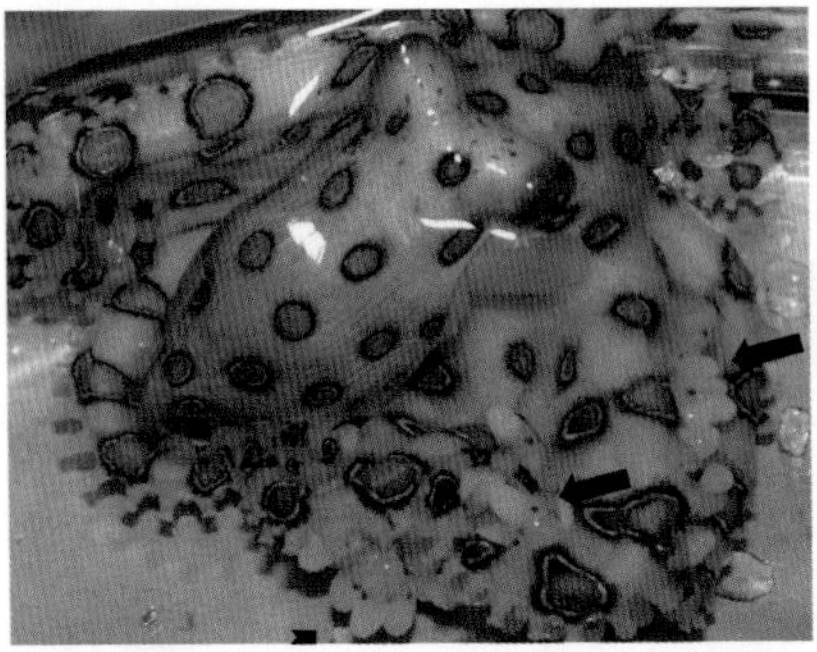

p.60図2-4　オオマルモンダコ。上：腕で産出卵塊（矢印）を抱える雌（胚発生が進み眼が形成されている）、下：発達途上の卵と警告色と考えられるオオマルモンダコの蛍光色の輪模様。

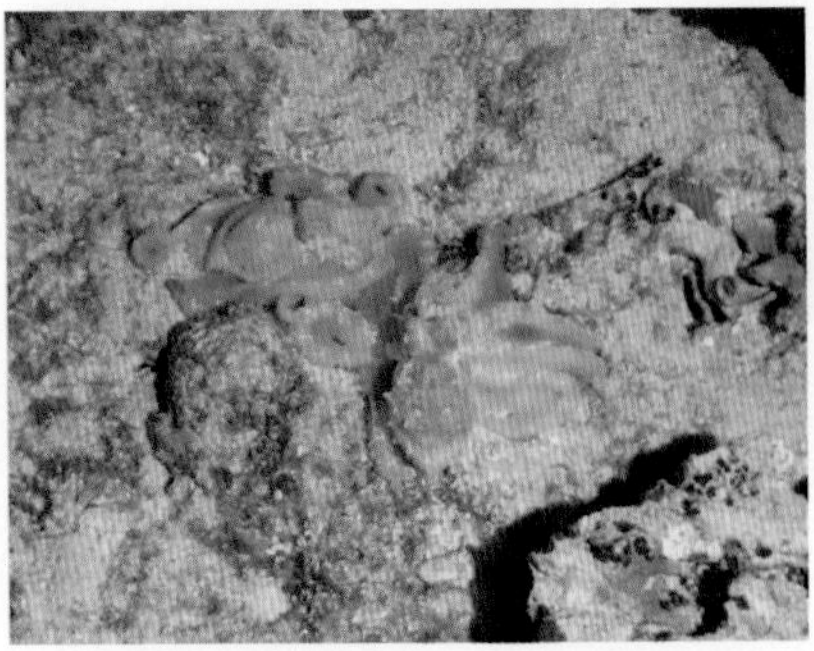

p.139図3-16　同種個体同士が接触するソデフリダコ。（撮影 川島菫博士）

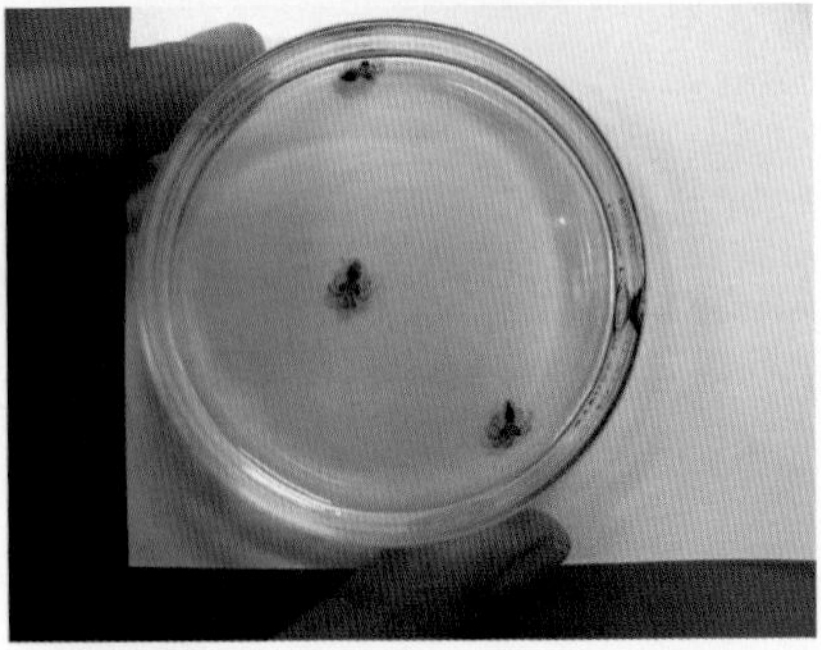

p.175図4-6　ウデナガカクレダコ属の一種の着底個体。

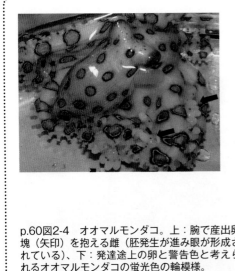

まえがき

昭和46年というから古い話だ。

それは『帰ってきたウルトラマン』が放映された年。ウルトラマンは当時の子どもたちにとって圧倒的なヒーローであり憧れであった。

初代のウルトラマンがM78星雲に戻った後に、悪の怪獣と戦うために地球へとやってきた戦士が、帰ってきたウルトラマンだ。初代と同じく、全身が艶《つや》のない銀色で、そこに太い赤のラインが入っていた。

帰ってきたウルトラマンに対峙《たいじ》する怪獣の一つがオイル怪獣タッコングである。身長45メートル、体重2万3千トンの巨漢。その名の通りタコが変じた怪獣だ。体はまん丸で、そこから短めの首と頭、2本の腕と脚、そして1本の尾が出ている。好物はオイルで、海底の石油パイプラインを食いちぎり、陸上の石油コンビナートを襲い、漏れ出た石油を食べてしまう。人類に甚大な被害をもたらす厄介者である。

昭和40年代から50年代を小学生として過ごした私にとって、タッコングは〝タコ〟という生き物を強く印象付ける存在ではあったものの、他の凶暴な、あるいは派手な怪獣とは異なり、少し弱めでやや地味な怪獣との印象を与えるものであった。以来、タコを脳裏に描くと、東京湾に仁王立ちするタッコングの映像や、小学生の間で大流行であったプラスチック製のタッコング人形が、一緒に頭に浮かんで来てしまうのである。そんな思い出と相まって、タコは私の中では特に目立つ存在ではなく、むしろマイナーで、強いのか、弱いのか、よく分からないウルトラ怪獣の一つと重なる存在であった。

昭和も終わろうという時に、私は怒涛の受験期間を経て水産学を専攻する大学生となった。水産学の世界に入ってみると、タコを研究する専門家は少なかった。日本水産学会という、わが国でも有数の巨大学会に出向いてみてもタコに関する演題はほとんどなかった。

水産学の花形は魚である。ウナギ、サケ、マグロ……。食の面でも学術の面でも注目されるスターたちがたくさんいる。魚の他に目を転じても、目立つといえばエビやカニ。あるいは、殻を固く閉じた貝が水産学の常連だった。こうした中で、私にとってタコは相変わらずマイナーな存在に過ぎなかった。

しかし、タコは国民的に認知された存在である。確かに、タッコングをはじめとして、マンガなどで描かれるのは滑稽なキャラクターであるが、それは同時に人々の目に触れる機会が多いことを表してもいる。お弁当に欠かせないウインナーはタコの形になっているし、大阪発祥のたこ焼きは大衆的な食べ物であり、知らない人はいない。ただ、そのタコがどのような生き物であるのかを知る人は少ない。

そもそもタコは何の仲間なのか、どのように成長するのか、どこに暮らしているのか、どのくらいの種類がいるのか。このようなことに即答できる人は多くはないだろう。つまり、タコの生物としての顔は存外知られていないのだ。その意外な素顔に、私は大学院に進学してから接することとなった。

私は大学院でイカを研究し始めた。イカはタコの親戚で、こちらもタコと同様に日本人にはよく知られた動物であり食材だが、その生物像には謎が多い。スルメイカという、日本人が最も多く食べているイカを主題として生殖生物学を進め、私はイカ博士となった。その後、イカの研究を進める中でタコにも目を向けるようになると、両者が実は似て非なる面を持つことを知り、タコの素顔を少しずつ知るところとなった。それは、タッコングから受けた印象を大きく変貌させるものであった。そして、二〇〇三年に沖縄に研究拠点を移して熱帯の海を身近にし、それまで見たこともない種類のタコと出会うにつけ、もっとタコについて知らねばという思いを強くしていった。

本書は、身近であるにも関わらず、生物としての実像が謎に包まれているタコについて語る書である。これまでに得られているタコの生物像についての既往の知見を整理して紹介するとともに、私が琉球大学の研究室で進めているタコ研究のホットな成果についても随時織り込んで語っていく。このような語りの試みを、「タコのはなし」と表して、本書のタイトルとした。

まずは、第1章でタコの氏素性《うじすじょう》を覗くところから旅を始めよう。

池田　譲

タコのはなし ―その意外な素顔― 目次

第1章　タコを知る

生物の分類と階層

地球上には多種多様な生物が生息している。私たちヒトもそのうちの一つであり、目に見えない細菌のような微生物もまたそのうちの一つである。これらの生物は形も大きさも見た目も、そして生息している場所も異なっている。

それぞれの生物のもつ特徴に応じて、似たもの同士をまとめ、整理したものを分類と呼び、それをさらに細かく分けていくことを階層という。階層が細かくなるほど、そこに所属するものは少なくなり、特定されやすくなる。

本書の主役タコは、生物の中でも動物という分類に入る。動物は背骨の有無で脊椎動物《せきついどうぶつ》と無脊椎動物《むせきついどうぶつ》という階層に大別できる。私たちヒトは脊椎動物であり、鳥や魚もまた脊椎動物である。タコはというと、背骨がないので無脊椎動物に入る。無脊椎動物は、昆虫や貝、線虫《せんちゅう》など非常に多彩な顔ぶれから構成され、タコは比較的大きな階層である「軟体動物門」という、貝の仲間のグループに属する。

意外なことに、タコは貝の仲間なのである。貝というと硬い貝殻を思い浮かべるが、貝殻の中には柔らかい体が収まっており、私たちはそれを好んで食べている。まさに軟体である。これはタコの柔らかな体とも一致している。

　ここからもう少し階層を掘り下げてみよう。軟体動物門の中に頭足綱《とうそくこう》という階層がある（図1-1）。名前の通り、頭から足が出たグループ。タコはこの頭足綱に所属している。頭足綱はアンモナイト亜綱《あこう》、オウムガイ亜綱、鞘形《しょうけい》亜綱から構成される。

　さらにその構成を細かく見ると十腕形上目《じゅうわんけいじょうもく》、八腕形上目《はちわんけいじょうもく》、コウモリダコ目《もく》といった階層がある。ここでいう綱や目は分類の階層の一つで、亜綱や上目というのはその階層をさらに細かく分けたものである。目《もく》という分類の階層の下には科《か》、属《ぞく》、種《しゅ》という階層があり、種は生物の最も下の階層で、その生物を細かく特定できる階層である。

　さて、アンモナイトにオウムガイ。どこかで聞いたことがある名前ではないだろうか。アンモナイトはクルクルと巻いた貝殻の化石、オウムガイはアンモナイトとよく似た感じの殻から何本もの

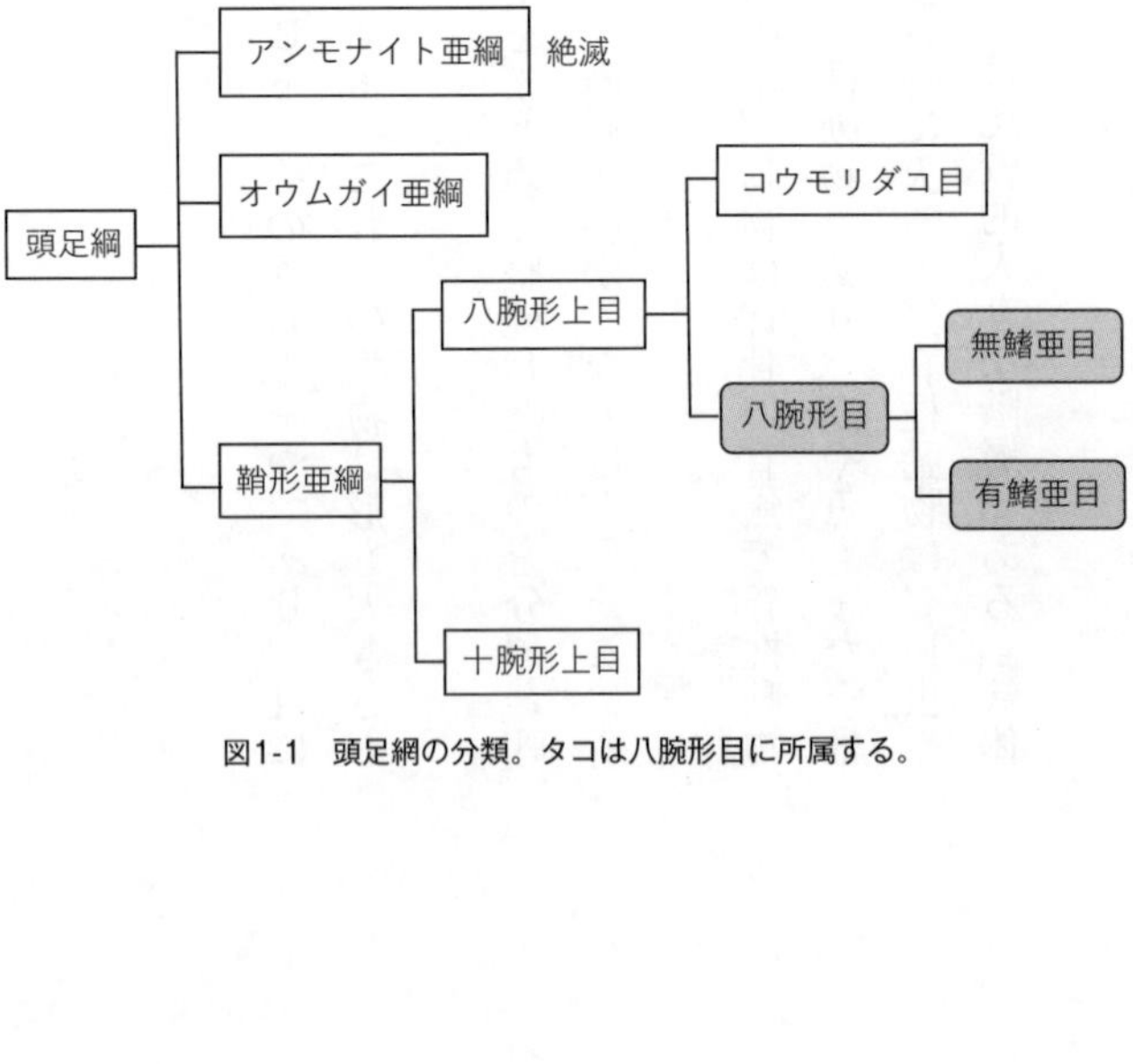

図1-1　頭足綱の分類。タコは八腕形目に所属する。

腕が伸びたものである（図1-2）。

アンモナイトはその殻の形が多様で、北海道ではソフトクリームのように外周が巻かれた、「エゾセラス・エレガンス」という殻の化石が見つかり、新種と特定されたというニュースになった。一方のオウムガイは、今も生きた姿を見ることができるもので、太古に地球上に誕生して以来、ほとんど姿形を変えていないため、「生きた化石」と呼ばれている。アンモナイトもオウムガイも頭足綱に入っているということは、タコの親戚ということになる。

さて、頭足綱の中に鞘形亜綱というグループがある。これは十腕形上目、八腕形上目から構成され、後者の八腕形上目は八腕形目とコウモリダコ目からなる。

十腕とは腕が十本、八腕とは腕が八本を意味するネーミングであるが、つまりはイカとタコである。「タコハチ、イカジュウ」と覚えれば忘れない（ちなみに、ヒラメとカレイという魚がいるが、両者は2つの眼が付いている体の側面が左か右かの違いで見分けることができる。ヒラメは左側の体側、

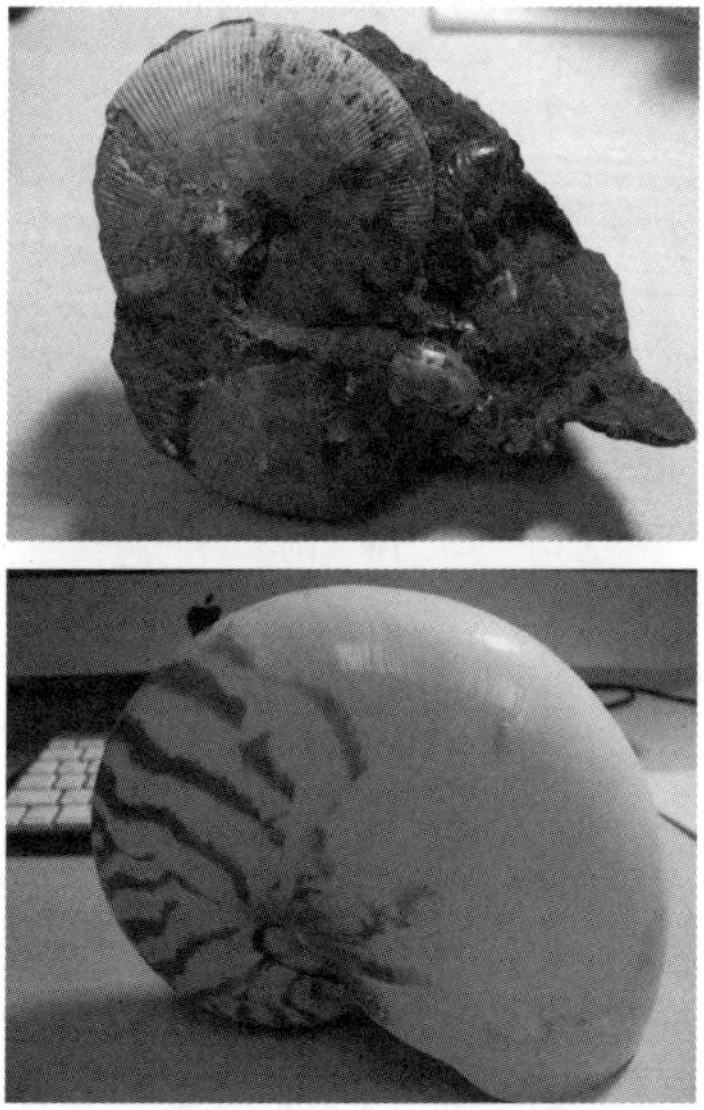

図1-2　上：アンモナイトの化石（北海道大学の伊庭靖弘博士からの寄贈）、下：オウムガイの殻

カレイは右側の体側に二つの眼が位置しており、こちらは「ヒダリヒラメにミギカレイ」と覚えれば良い)。

なお、八腕形上目のコウモリダコ目というのは、コウモリダコという一種のみが現存するもので、一属一種である(図1-3)。コウモリダコは深海性の種で、「地獄の吸血イカ」の異名を持つ。ただし、このネーミングは死んだ標本しか得られなかった当時に付けられたもので、実際には他の動物の血を吸うという特性はコウモリダコにはない。英語名はこの異名のままでVampire squid(吸血イカ)である。コウモリダコと言いながら吸血イカとはどういうことか。

実は、コウモリダコの腕は八本だが、フィラメントと呼ばれる細長い鞭《むち》のような構造を2本持っている。これを腕と捉えればイカだし、腕ではないとすればタコになる。どっち付かず、である。そこで、ひとまずタコ(八腕形目)の隣に置いてコウモリダコ目とし、両者を合わせて八腕形上目という階層としたというわけである。

また、鞘形亜綱の鞘形とは、中が空洞《くうどう》の鞘《さや》の形を意味するが、タコもイカも胴体の部分

図1-3　コウモリダコ
イカでもタコでもない一属一種の深海生物。

は中空《ちゅうくう》構造で、中に内臓が収まっている。この形に注目するとタコとイカは鞘の形をした動物であり、それが階層のネーミングに用いられている。

改めて図1-1の分類図を見ると、タコとイカは近い親戚であることがわかる。「イカタコ」と一緒に並べて呼称されることが多いのも、実はこのような分類上の特徴をよく言い表している。

タコが所属する八腕形目には、有鰭《ゆうき》亜目と無鰭《むき》亜目の2つのグループがある。亜目とは目の1つ下の階層である。亜目の前に付いている有鰭や無鰭とはヒレ（鰭《ひれ》）の有無のことで、ヒレのあるタコは有鰭亜目、ないタコは無鰭亜目に入る。私たちが通常イメージするタコのどこに鰭があるのか。魚だと鰭は分かりやすいがタコとなるとよくわからない。タコの近い親戚、イカで見てみると鰭はわかりやすい。スルメイカやアオリイカなどのイカを見ると、体の側面に三角形や帯状のヒラヒラが付いているが、これが鰭である（図1-5上）。一方のタコを見ると、そのようなヒラヒラは見当たらない。実は、マダコなど私たちがよく目にするタコには鰭という構造はない（図1-4）。そのため、無鰭亜目というグループに所属している。

では、有鰭亜目とは何か。名前からすると鰭のあ

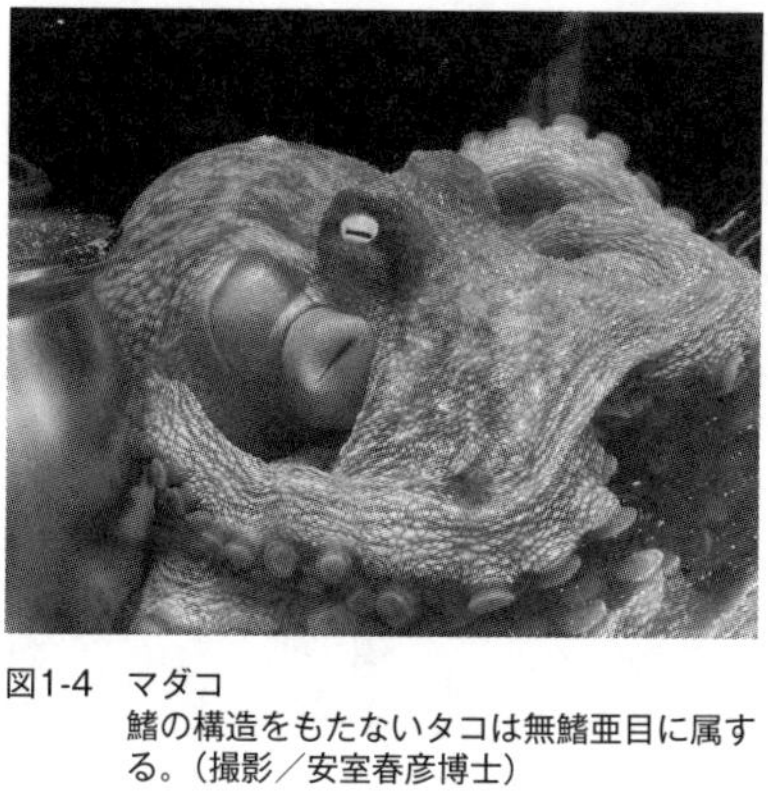

図1-4　マダコ
鰭の構造をもたないタコは無鰭亜目に属する。（撮影／安室春彦博士）

るタコということになるが、その名の通り鰭を持ったものがいる。メンダコと呼ばれるタコがそれである。

メンダコは私たちがよく知るタコを扁平《へんぺい》にしたような出立《いでたち》をしているが、よく見ると左右に耳のような小さな構造がある（図1-5下）。これが鰭である。メンダコは深海性のタコで、食用にはなっていないので普段私たちが見かけることはまずない。静岡県の沼津《ぬまづ》深海水族館では生きたメンダコを展示し、話題になった。メンダコは生態に謎の多いタコで、体はゼラチン状であり、いかにも深海の生き物という感じがする。ただ、小さな鰭の部分は筋肉質でかたく、遊泳に用いていることがわかる。

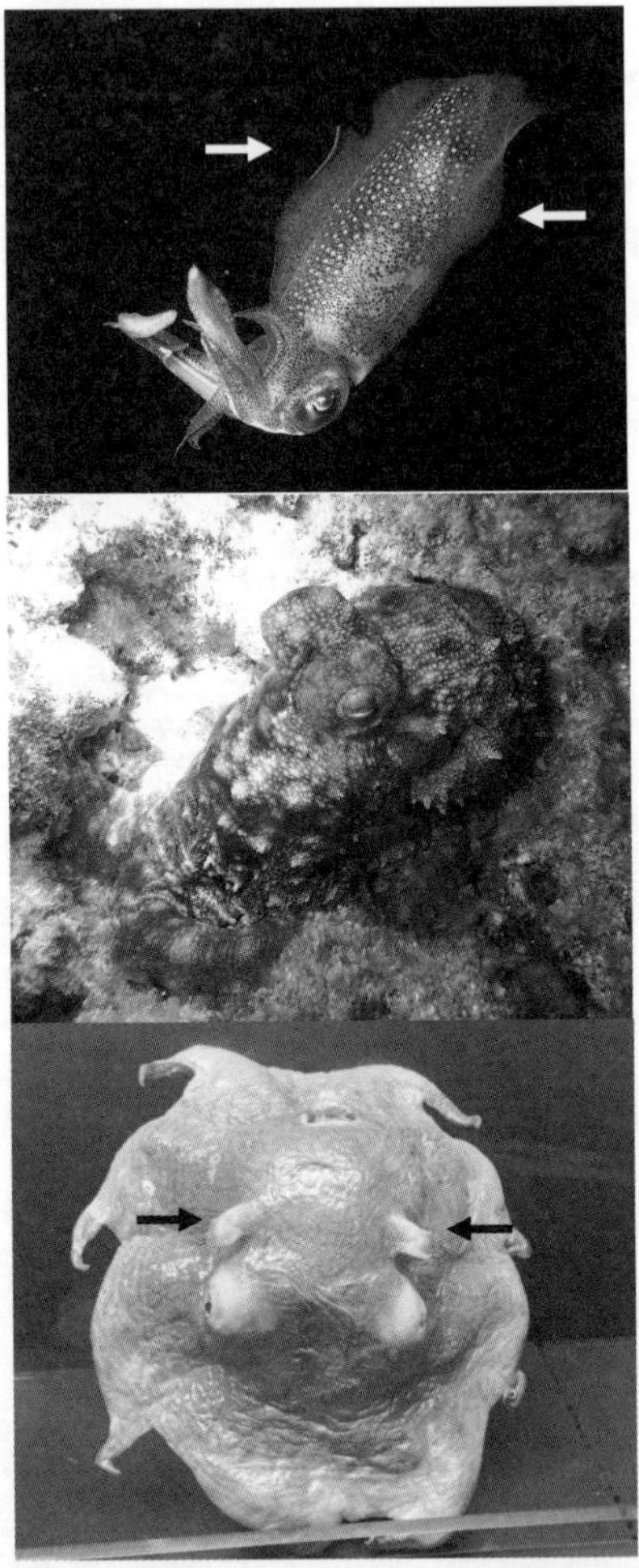

図1-5　頭足綱に見る鰭の有無。上：アオリイカ、中：ヒラオリダコ、下：メンダコ（沼津深海水族館所蔵の標本）。矢印は鰭を示す。（撮影 上、中、網田全氏；下、池田純氏）（口絵 p.5）

さて、生物の世界では、所属する属の名前と種の名前を併記して、その生物の学名としている。ヒトの場合ならば、*Homo sapience*（ホモ サピエンス）と書く。Homo 属の Sapience という種ということになる。これは二命名法《にめいめいほう》と呼ばれるもので、カール・フォン・リンネというスウェーデンの博物学者により提唱された表記の仕方である。

学名を表す横文字はラテン語で、その生物を発見して記載した人、つまりそれを新種だと同定《どうてい》した人により付けられたもので、その生物の姿形の特徴やゆかりのある人の名前が込められている。

例えば、マツバダコの学名は *Octopus sasakii* というもので、Octopus 属の Sasakii という種という意味である。種の名前（種小名《しゅしょうめい》という）の Sasakii は明治時代の頭足類の研究者、佐々木望《ささきまどか》という人物に因《ちな》むものである。一方、マツバダコという名前を付けたのは、瀧巌《たきいわお》という人で、大正から昭和にかけてタコを研究した人である。*Octopus sasakii* という学名は、瀧博士が佐々木博士に敬意を表し、その名前を種小名にしたものということになる。なお、学名のより正式な表記は *Octopus sasakii* Taki, 1942というもので、「瀧が一九四二年に記載したマツバダコ」ということを表している。その名を記載した人の名と記載年を併記するというものである。ところで、*Octopus sasakii* が学名ならば、マツバダコという名前は何か。こちらは和名《わめい》（標準和名ともいう）というもので、いわば学名の日本名である。ラテン語表記の学名は学術的にはユニバーサルなもので、どこの国でも通用するものだが、和名は日本人の間だけで通用するものである。

総じて「タコ」と称される八腕形目に所属し、地球上に生息する現存のものは250種ほどが知られる。しかし、この数字はやや曖昧で、300種ほどとする図鑑もある。それまで同じ種とされていたものが再検証により別の種になったり、新種が発見されたりすることで、種数が増えることがあるため、現存のタコは250種から300種ほどと述べておこう。

十腕形上目（イカ）には450種ほどが現存するものとして知られている。コウモリダコやオウムガイの種数はごくわずかであるので、頭足綱の主要なメンバーはタコとイカということになり、おおよそ700種から750種ほどということになる。魚類には数万種もの構成員がいることと比較すれば、決して多い種数とは言えないだろう。ただし、頭足綱の中ですでに絶滅したアンモナイトは一万種ほどいたとの学説もあるので、地球上のある時代においては、頭足綱の種数が多かったこともあったかもしれない。

なお、本書ではこれ以降、頭足綱を頭足類と表現することにする。類とは「なかま」との意味がある。頭足類とは頭足綱のなかま、つまりはイカ、タコ、オウムガイ、そしてアンモナイトのことである。同じように、タコ類という言葉は八腕形目、つまりタコの仲間を表している。分類の簡略的な表現の仕方というわけで、たびたび登場する際に正式な分類学の名称を充てるのはやや堅苦しい感があるので、本書では必要に応じて類という言葉を用いることにする。

進化

進化とは生物の歴史のことで、その概念は『種《しゅ》の起源』の著作で名高い英国のチャールズ・ダーウィンにより提唱された。

ある種の生き物の中で、他と少しだけ異なるものが生まれ、その個体のもつ特性がその時に置かれた生息環境を生きる上で有利に働くと、そのような特性を持った個体はそうでない個体よりも生き延び、子孫を残す可能性が高くなる。今では、個体が他とは異なる特徴をもつようになるのは突然変異という遺伝的要因によるものと捉えられている。つまりは、遺伝的な変異が生じ、それに生息環境がある種の圧力として作用し、そのような遺伝的変異を生じた個体が生き残っていくプロセスと表現できる。これは淘汰《とうた》としても知られるものである。換言《かんげん》すれば、進化とは種ができる歴史的過程と表現することができるだろう。

生物のたどった歴史を詠《よ》み解《と》く上で指標となるのが化石である。化石は地層から発掘されるが、それぞれの地層は異なる年代に形成されたと考えられている。そのため、特定の地層から発掘された化石は、化石となった生物がその地層の年代に生きた証《あかし》とされる。発掘される化石が増えるにつれ、様々な動植物についてその歴史を復元していくことができる。

しかし、化石による生物の歴史復元も完全なものというわけではない。その理由は二つ考えられる。一つには、あらゆる生物が化石として残るとは限らないからである。つまり、生物によっては化石という記録が欠落している可能性がある。もう一つには、化石が特定の地層から見つかったとしても、それは化石となる前の生物がその地層の年代に生きていたとは必ずしも言えないからである。実際には､別の年代に生きていた生物が化石となり、それが地殻変動《ちかくへんどう》などで別の年代の地層に移動したということがあるかもしれない。そうなると、地層は正確な時計とはなり得なくなる。実は、頭足類は化石になりにくい生物である。というのも、化石には骨など固い組織が残る場合が多いが、頭足類には骨がなく、多くの種は殻をもたない。頭足類の化石といえばアンモナイトで、これはもっぱら殻の化石が出土しているが、軟体部《なんたいぶ》、つまりアンモナイト本体の化石は未だに見つかっていない。

このようなことから、近年では化石以外の指標も注目されることになった。それは生物の体を構成する分子で、具体的にはタンパク質やＤＮＡ（デオキシリボ核酸《かくさん》）といったものである。例えば、ヘモグロビンというタンパク質がある。これは血液中にあり、酸素を運搬する役目を持つ。私たちヒトの血液中にもこのヘモグロビンが流れている。ヘモグロビンはタンパク質だが､タンパク質はアミノ酸という物質が連なってできている。さらに､アミノ酸にはアラニン、アルギニン、グルタミンなど複数の種類がある。ヘモグロビンのうちα鎖《アルファさ》と呼ばれる部分のアミノ酸を異なる動物で比較すると、種《しゅ》によってα鎖を構成するアミノ酸の並びや種類が異なっている。この違いは、それらの種同士の違いを反映していると考えられる。つまり、系統的に近い種同士はアミノ酸の配列がより似ており、遠い種同士は配列がより異なっている。このようなアミノ酸の異同《いどう》を指標として、生物の系統を描くことができる。これは分子系統《ぶんしけいとう》と呼ばれる。さらに、特定のアミノ酸が別のアミノ酸に置き換わる「置換《ちかん》」は、突然変異により引き起こされ、これが一定の時間間隔で起こる現象と考えられている。これを指標にして、特定の生物の系統がいつ頃分岐《ぶんき》したのかを推定することができる。分子時計《ぶんしとけい》と呼ばれるものである。

一方、遺伝物質として知られるＤＮＡは、核酸が連なり二重螺旋《にじゅうらせん》構造であることはよく知られている。核酸にはヌクレオチドと呼ばれる塩基物質《えんきぶっしつ》があり、これにはアデニン、シトシン、グアニン、チミンという4種類があり、これらが連なりＤＮＡの1本の鎖《くさり》を作っている（図1-6）。これら4種のヌクレオチドの並びが塩基配列《えんきはいれつ》で、その配列はタンパク質を合成する設計図になっている。

ＤＮＡの特定の領域は、例えば先ほどのヘモグロビンを作る設計図になっている。特定の物質合成に関わるＤＮＡの特定領域を異なる生物で比較すると、系統が近いもの同士は似ており、遠いもの同士は違っている。このような比較から生物の系統を描いていくことができる。

また、あるヌクレオチドが別のヌクレオチドに変わる変化速度は一定であるとの考

図1-6　DNA 構造
DNA の二重螺旋（A はアデニン、T はチミン、C はシトシン、G はグアニン）

えから、異なる生物で塩基配列を比較し、そこから分岐年代を推定することができる。これも分子時計である。実際には、形と地層年代のデータである化石と、これら分子系統、分子時計を組み合わせて、特定の生物群の系統や進化を推定するという試みが行われている。

このような分子系統の研究手法は、頭足類の進化的研究にも適用されている。図1-7はDNAおよびRNA（リボ核酸）の配列から分析した頭足類の分岐年代の推定である。上段には頭足類と他の軟体動物である腹足類《ふくそくるい》(正式には腹足綱、サザエなど巻貝の仲間)が、下段には比較のために脊椎動物の分岐年代推定図が描かれている。RNAというのは、DNAの情報を読み取ったり、それを運んだり、タンパク質の合成に関わったりする物質で、DNAが二重鎖《にじゅうさ》であるのに対しRNAは一重鎖《いちじゅうさ》という特徴をもつ。

RNAもDNAと同じく4種のヌクレオチドから構成されているが、DNAではチミンであった塩基が、ウラシルという塩基である点が異なる。ただ、RNAも塩基が連なったものなので、その配列を生物同士で比較することで系統や分岐年代を推定できる点はDNAと同じである。

図1-7上段には、頭足類の祖先が5億年前から6億年前の間に他の軟体動物から分岐したことが描かれている。一方、図1-7下段を見ると、脊椎動物が魚類の祖先や鳥類・哺乳類の祖先と分岐したのは4億年前から5億年前の間であり、頭足類の方が早い段階で地球上に現れていたことがわかる。また、私たちヒトやチンパンジーなど霊長類《れいちょうるい》の系統は、頭足類よりもかなり後に現れたこともわかる。さらに、頭足類の中では4億年ほど前にオ

ウムガイの系統と、イカ・タコの系統が分岐したことがわかる。3億年前から2億年前の間には、タコとイカの系統が分岐していることもわかる。なお、図1-7では描かれていないが、既に述べたように頭足類にはアンモナイトの系統があり、これは意外にも現生《げんせい》のオウムガイよりもイカとタコの系統に近い。アンモナイトは殻の化石のみが残る絶滅種だが、実は、殻の中の身体部は現生のイカやタコによく似ていたのではと考えられている。

図1-8は、分子系統的な解析をさらに多くの頭足類を対象に行った結果を示している。この図では、頭足類の中でタコとイカの系統に分かれて以降の過程がクローズアップされている。図の一番下に地質年代が書かれているが、ペルム紀《き》にタコの系統とイカの系統が分かれていることがわかる。

タコの系統をさらに見ると、ペルム紀のあとの三畳紀《さんじょうき》にコウモリダコ目と八腕形目が分かれている。コウモリダコは深海に棲む種で「地獄の吸血イカ」の異名をもつことは前に紹介した。

八腕形目はジュラ紀に有鰭亜目と無鰭亜目に分かれている。およそ2億年近く前のことである。有鰭亜目はメンダコ、

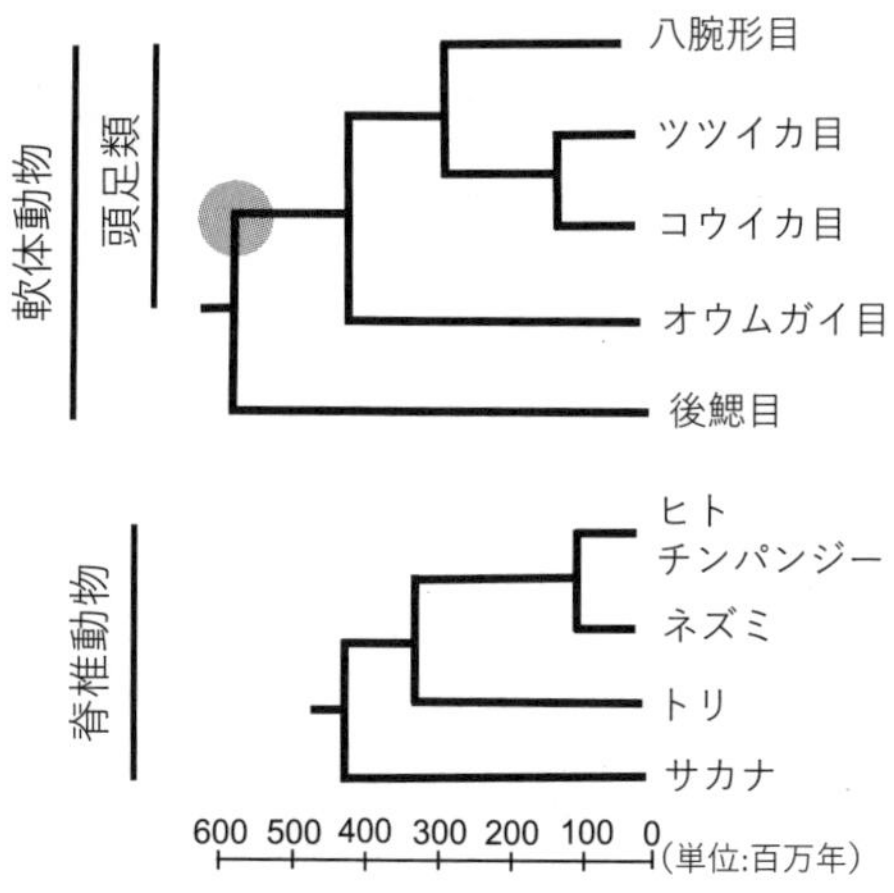

図1-7　分岐年代推定図。上：頭足類と腹足類、下：脊椎動物。上図の灰色部は頭足類が腹足類と分岐したところ。(Liscovitch-Brauer, Alon, Porath et al., Cell 169, 191-202, 2017を一部改変)

無鰭亜目は一般にタコとして知られているグループであることも前述の通りである。ジュラ紀は恐竜の時代として知られる。さらに、白亜紀《はくあき》では無鰭亜目のタコがいくつかの系統に分岐している。

一方、十腕形上目（イカの仲間）を見ると、タコが有鰭亜目と無鰭亜目の系統に分かれたジュラ紀に幾つかの系統に分かれている。これは現在ではコブシメなどのコウイカ類、スルメイカなどのツツイカ類、そしてトグロコウイカ（一属一種）などとして知られるものたちである。大まかに見れば、タコもイカもジュラ紀から白亜紀、そして現在に続く新世代に様々な系統に分化し、多様化したと言える。

図1-8下段の折れ線は、異なる動物群の多様性の変化を見たものである。ここには頭足類の例としてベレムナイト（白亜紀末に絶滅した頭足類。形態的には現生のイカに類似している）が、魚類として硬骨魚《こうこつぎょ》と軟骨魚《なんこつぎょ》が示されている。これはいずれも化石として出土したもので、分類された属の数を多様性として捉えている。ベレムナイトは絶滅した化石種《かせきしゅ》だが、ジュラ紀から白亜紀にかけて繁栄していたことがわかる。一方、その後を追うように、魚類が繁栄していった様子もわかる。

ベレムナイトについては、北海道大学の伊庭靖弘《いばやすひろ》博士らが、東日本大震災の被災地である宮城県南三陸町の海岸から震災の年に化石を発見し、ベレムナイトの起源が通説のジュラ紀最初期よりも3300年ほど遡《さかのぼ》る2億3千万年前であり、地球史最大の出来事とされる三畳紀末の大量絶滅を生き延びたことを報じた。かつて1万種ほどいたと考えられる

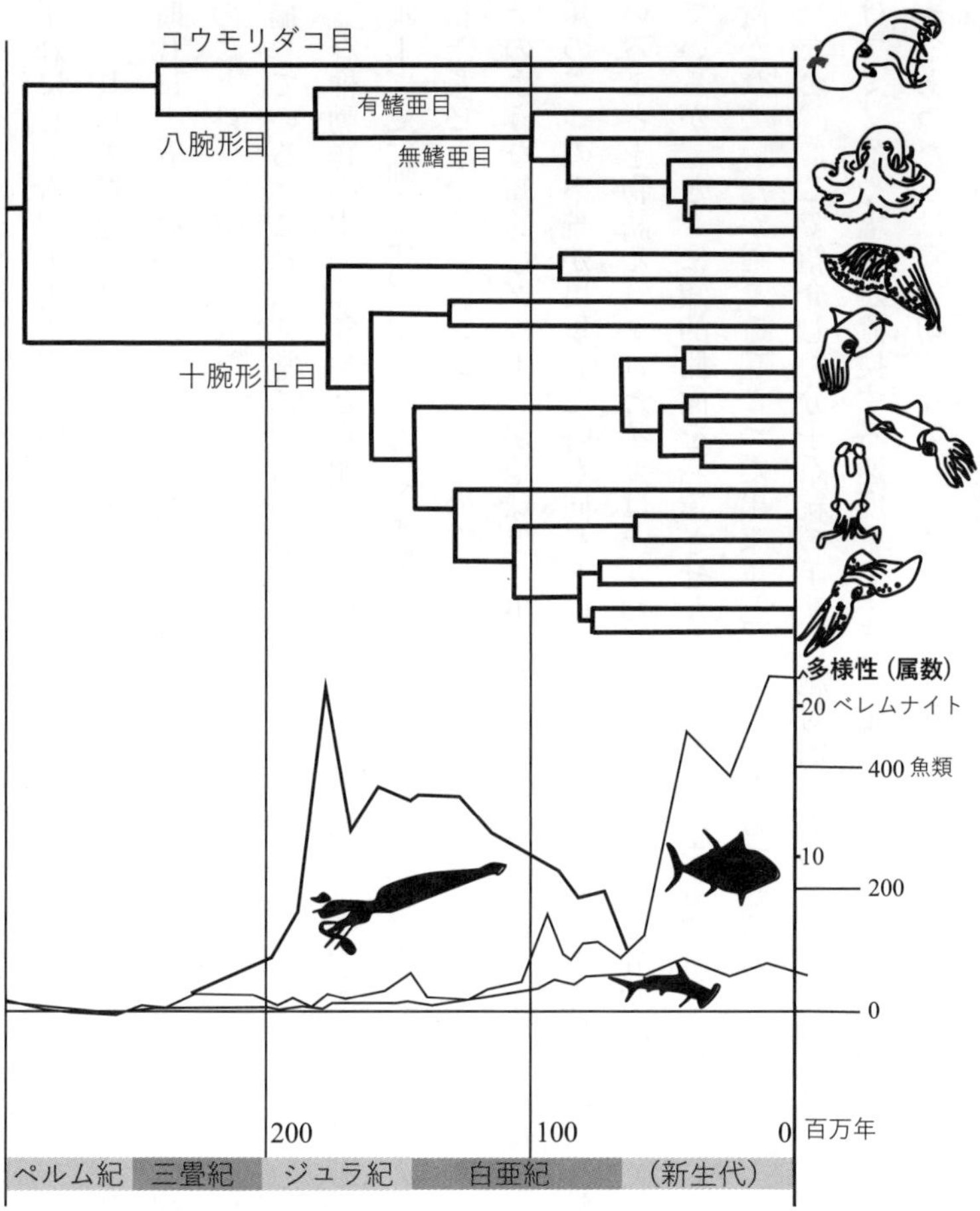

図1-8　頭足類の分岐年代推定図。下の折れ線は出土した化石の数から見積もったベレムナイト（頭足類）、硬骨魚類、軟骨魚類の多様性。最右列の頭足類の絵は分析に用いた現生種が属するグループ（分析した現生種の種名は省略してある）。（Tanner, Fuchs, Winkelmann et al. Proceeding of the Royal Society B 284, 20162818, 2017を一部改変）

アンモナイトの仲間の大半はこの三畳紀末の大量絶滅で姿を消したと考えられている。いずれにしても、太古の海で頭足類は非常に繁栄していたと考えられる。

これらの進化の歴史について興味深い点は、タコとイカの系統が分かれた時代とほぼ同時代に、脊椎動物では哺乳類と鳥類の系統が分かれているという点である（図1-7）。このことは、シドニー大学のゴドフリ＝スミス教授がその著書『タコの心身問題』の中で指摘している。これは非常に面白い着眼である。

脊椎動物の中で哺乳類と鳥類はともに大型の脳を発達させ、優れた視覚も手に入れたグループで、動物界の中では学習や記憶などに現れる知性が突出して高い種を含む。それは、私たちヒトやチンパンジーなどの霊長類、カラスなどの鳥類にその例を見ることができる。そのような知的なグループが地球上で出現した時と、タコとイカという現在にも続く頭足類の二つの系統が出現した時が同じということは、その時代の環境がその分岐に関係していることを物語る。タコとイカはチンパンジーやカラスとは分類群からして大きく異なっているが、ともに知的側面を発達させたという共通項をもつ。それは、同じような環境に置かれていたからこそ起こった出来事と考えることもできるということだ。

なお、ここで紹介した分子系統の手法は絶対的なものというわけではない。分子時計ではアミノ酸や塩基が置換する速度を一定と仮定しているが、これはどの時代に対してもそうであったとは言い切れない。つまり、置換速度《ちかんそくど》には遅速《ちそく》も考えられ、そうなると分子時計にも狂いが生じる。また、注目する分子の違いによっても分子時計に微妙な違いが生じることもある。

実際に、図1-7と図1-8の分岐図は異なる分子を分析対象として描かれているので、両者の分岐推定年代は必ずしもピタリとは一致していないのだ。つまるところ、分子時計にはいくらかの誤差があり、推定される分岐の過程もある程度は相対的なものと言える。さらに、図1-7と図1-8に描かれた分岐年代推定図は、現生のいくつかの種を分析して得られたものである。頭足類についていえば、代表的な分類群、例えば属に区分けされるものの中から一種を選んで分析している。つまり、現生の頭足類700種全てを対象としたものではなく、その中の一部を代表として選び、分析した結果である。そのような点からも、概要的なものということになるだろう。

タコの進化史は、今後、分子系統に対する理解が進み、分析精度などが向上すればより正確に描くことができるようになるだろう。また、さらに多くの化石が発見されることで、その歴史もより鮮明に描き出されるようになるかもしれない。現在この分野は、ゲノム科学として急速に進展しつつある。

かたち

タコはよく漫画のキャラクターとして描かれる。それは絵にしやすい形をしているからともいえる（図1-9）。

タコの身体は外套、頭、腕という大きく三つの部分から構成されている（図1-10）。

外套というのは寒い時に羽織《はお》るオーバーコートと同じ意味で、正確には外套膜《がいとうまく》という。膜と言っても筋肉でできた厚みのあるもので、中が中空《ちゅうくう》の釣鐘《つりがね》のような構造になっている。この釣鐘の中に胃や生殖腺《せいしょくせん》などの内臓が収まっている。釣鐘を鞘《さや》と言い換えても良いだろう。頭足類の中でもタコは鞘形亜綱というカテゴリーに分類されることを述べたが、鞘形という分類名は外套膜の特徴を言い表している。外套に続く部分は頭で、ここには眼、そして脳が収められている。タコの漫画では外套があたかも頭であるかのように描かれるが、実は頭は外套の大きさに比べると小さいので一般には頭と認識されないのかもしれない（図1-9）。

私はかつて、NHKの『又吉直樹《またよしなおき》のヘウレーカ！』という番組にゲスト出演し、タコについて又吉直樹さんと対談したことがある。その時、又吉さんにタコの脳が大きいという話をしたうえで、脳がタコの体のどこにあるか絵に描いてもらった。すると又吉さんは、タコの外套膜の内側全体をマジックで塗《ぬ》り「ここですかね？」と答えられた。外套膜の中身が全て脳であるなら、それはかなり巨大な脳ということになる。しかし、多くの方々が抱

図1-9　タコのイメージ
丸い顔に８本の足というかわいらしいイメージ

くタコの頭の位置のイメージからすると、これは無理からぬ回答だ。タコの眼と脳については頁を改めて紹介する。

あまり目立たないタコの頭からは8本の腕が伸びている（図1-10）。これは腕であり足でもあるが、頭から足が生えているので、頭足類という名前が付いている。

腕は体の中心（正中線《せいちゅうせん》という）を境にして、左右対称に4本ずつ配置されている。先に紹介した外套膜は、いわば胴体で、背側《はいそく》と腹側《ふくそく》がある。外套膜の背側から見て左サイドの腕は左第《ひだりだい》Ⅰ腕《わん》、左第Ⅱ腕という呼称が順次ついている。右サイドの腕は右第《みぎだい》Ⅰ腕《わん》、右第Ⅱ腕という具合で、左右それぞれ第Ⅳ腕まである。第○腕という呼称には少し大仰《おおぎょう》な印象を持たれるかも知れないが、腕の形や長さはタコの分類の指標となる。そのため、一本一本の腕に呼称を付けておく必要がある。腕と腕の間には薄い膜があり、傘膜《さんまく》と呼ばれる（図1-10）。これは水中を遊泳する際に、ふわりと体を降下《こうか》させるパラシュートのような役割を演じる。また、タコが獲物を捕まえる時に、網のような役目も果たす。腕の間から獲物がするりと抜け出るのを防ぐことができるのだ。見ようによっては、傘膜は優雅なドレスのようで美しい構造である。

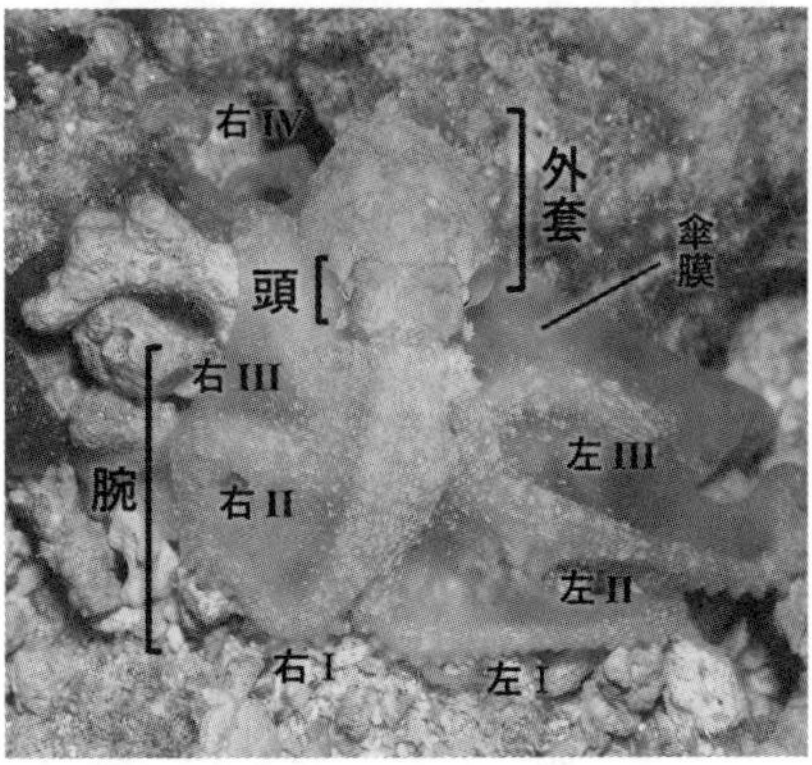

図1-10　タコの身体。写真は沖縄島沿岸のソデフリダコ（撮影　柳澤涼子氏）。

次に、タコの特徴的な体の部位を見てみよう。

頭部に付属し、外套膜の端から外に出ている「漏斗《ろうと》」という部位がある。漫画などでは、口として描かれることが多い（図1-11）。タコは呼吸のために海水を外套膜の内側に取り入れ、酸素を吸収している。その海水を体外へ排出するために用いられるのが漏斗である。また、外套膜全体にわたる量の海水を小さな出口から勢いよく排出するため、ジェット推進力《すいしんりょく》を生み出す。これはタコが急速に移動する遊泳を可能とするものである(図1-11)。なお、漏斗は海水だけではなく、排泄物《はいせつぶつ》を出し、墨を吐き出し、繁殖期には精子《せいし》の詰まった精莢《せいきょう》、そして卵子《らんし》を排出する。つまり、総排泄腔《そうはいせつこう》としての機能をもつ。漫画では漏斗が口として描かれることが多いと述べたが、実はタコの口は外からはやや見えにくいところにある。

それでは、タコの口はどこにあるのか。実は八本の腕の付け根付近にあり、腕を大きく広げると小さな黒色の領域として認められる（図1-12）。黒く見えるのは口の中でも嘴《くちばし》の部分である。タコの口は鳥の嘴に似たもので、カラスのような丸みを帯びた嘴とトンビのような角張った嘴がそれぞれ上顎《じょうがく》と下顎《かがく》となっていることから、「カラストンビ」の別名を持つ（図1-12）。正式には、カラストンビは顎板《がくばん》と言い、上顎板《じょうがくばん》と下顎板《かがくばん》から構成される。外から見るとこれら顎板の黒い先端部分が覗《のぞ》いており、黒く見えるというわけだ。

顎板は球体をした筋肉に包まれており、この筋肉と顎板を口球《こうきゅう》という。顎板を包む筋肉は口球筋《こうきゅうきん》という。口球という構造はイカも同様である。タコとイカの口球は珍味《ちんみ》とし

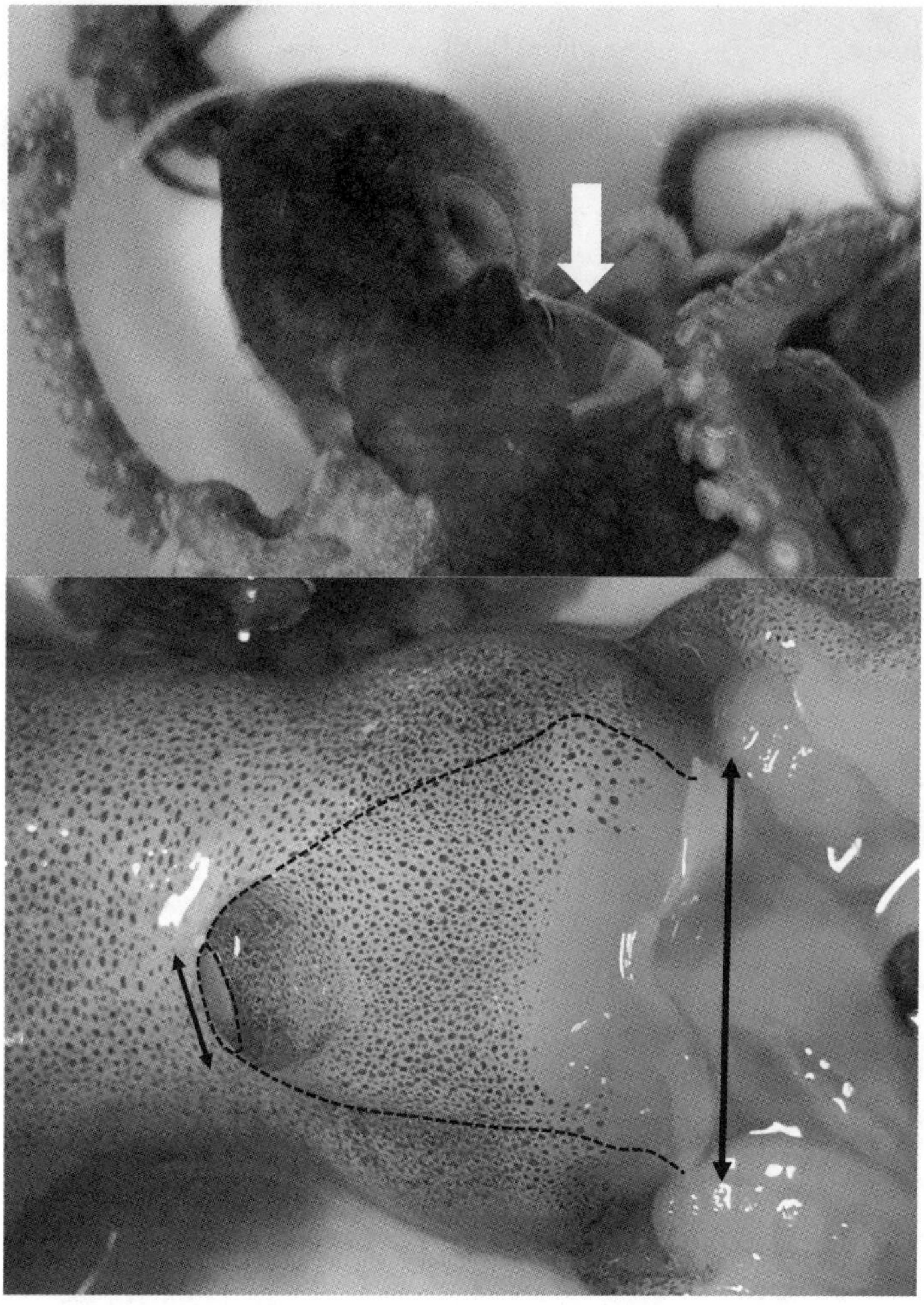

図1-11　タコの漏斗。上：外套膜から先端が出た漏斗（矢印）、下：解剖して漏斗を露出させたところ（破線は漏斗の輪郭、短い両矢印は漏斗の出口の幅、長い両矢印は漏斗の入口の幅）。写真はヒラオリダコ。

て売られている。

タコの顎板には歯はついていないが、顎板を開けるとその奥に舌《した》があり、その舌にはおろし金のようなギザギザの突起が付いている。これを歯舌《しぜつ》という（図1-13）。つまり、タコはものを食べる時に、顎板で裂き、それを歯舌でさらに細かくする。獲物を丸呑《まるの》みしないのである。そのため、タコの胃の中から見つかる未消化《みしょうか》の食べ物は、すべて細片《さいへん》になっている。

その動物が何を食べているのか、胃の中身を調べて特定するのが胃内容物調査《いないようぶつちょうさ》だが、魚

図1-12　タコの口。上：口の位置（矢印）、中：解剖して口球を露出させたところ（矢印は顎板、矢頭は口球筋）、下：顎板（嘴、カラストンビ）（右は上顎［カラスの嘴に似る］、左は下顎［トンビの嘴に似る］）。写真はヒラオリダコ。

類のように丸呑みして獲物を食べる動物では、胃の中から獲物が丸のまま出てくるので特定が容易である。これがタコとなると、胃からは獲物の小さな断片しか出てこないので、特定は難しい。イカでも事情は同じで、頭足類の胃内容物調査には観察眼と経験が必要とされる。

タコの口は外から見えにくいところにあると述べたが、よく見れば口は頭部に位置している。８本の腕と傘膜の奥には鋭い顎板があるので、腕の中に抱えられた獲物は一巻の終わりというわけである。顎板は獲物を切り裂く機能を持つので、獲物のサイズは上下の顎板を開けた大きさより大きくても構わないということになる。そのため、自分の体よりも大きな獲物を捕らえて食べるということも可能である。タコは８本の腕で獲物を捉える。これはイカも同じである。このようなことから、タコとイカの実質的な口の大きさは、本来の口に相当する顎板を広げた大きさではなく、腕を広げた大きさだと表現する研究者もいる。腕で捉えることができるものなら、食べることができるというわけだ。

私たち脊椎動物には骨があり、それが体のかたちを規定している。言ってみれば、骨に筋肉がついたものが私たちの体である。もしも骨がなければグニャリとなり、まさに骨抜きである。タコの場合は最初から骨がない。そのため、形が定

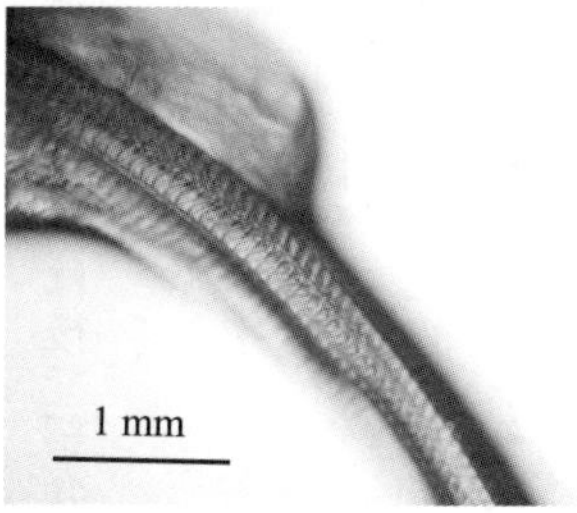

図1-13　タコの歯舌。写真はヒラオリダコのもの。

まらない。茹《ゆ》でたタコはある程度の硬さがあり、多くの人がイメージするタコの形かも知れないが、生きた状態のタコは柔らかく、形があれこれと変わるのだ。これは後で紹介するタコの美事なカモフラージュを可能にする。

　そんなタコの体にも唯一、硬い部分がある。平衡石《へいこうせき》と呼ばれるもので、頭の中に左右一対、つまり二個あり、白い粒として認められる（図1-14上）。平衡石は炭酸カルシウム結晶で、読んで字のごとく平衡感覚に機能する石である。大きさは1ミリほどしかない非常に小さなもので、平衡胞《へいこうほう》という軟骨《なんこつ》でできた器官の中に入っている。平衡胞から取り出して平衡石を観察すると、丸みを帯びた小山のような形をしている（図1-14下）。平衡胞の内壁《ないへき》は有毛細胞《ゆうもうさいぼう》で構成され、タコが動くと平衡石も動き、それを有毛細胞が受容する。これにより、タコは方向感覚や加速度などを認識することができる。平衡石は、硬組織《こうそしき》や生体鉱物《せいたいこうぶつ》と呼ばれる、生物がつくり出す硬い物質である。

　イカにも平衡石があり、平衡石と相同《そうどう》なものとして魚類では耳石《じせき》がある。イカとタコは近縁だが、両者の平衡石は見た目が違い、タコの平衡石が丸みを帯びた小山のような形であるのに対し、イカの平衡石は2ヶ所の縁辺《えんぺん》が外側に突き出た形で、楽器のオカリナのような形をしている。さらに、イカの平衡石は、薄く研磨《けんま》していくと同心円状《どうしんえんじょう》に広がる輪紋《りんもん》が見られる。これは飼育実験の結果から、スルメイカなどいくつかのイカで一日一本形成される日周輪《にっしゅうりん》であることが確認されている。つまり、輪紋を計数することでそのイカの日齢《にちれい》を探ることができる。そのため、平衡石は齢査定形質《れいさていけいしつ》として生活史学、資源生物

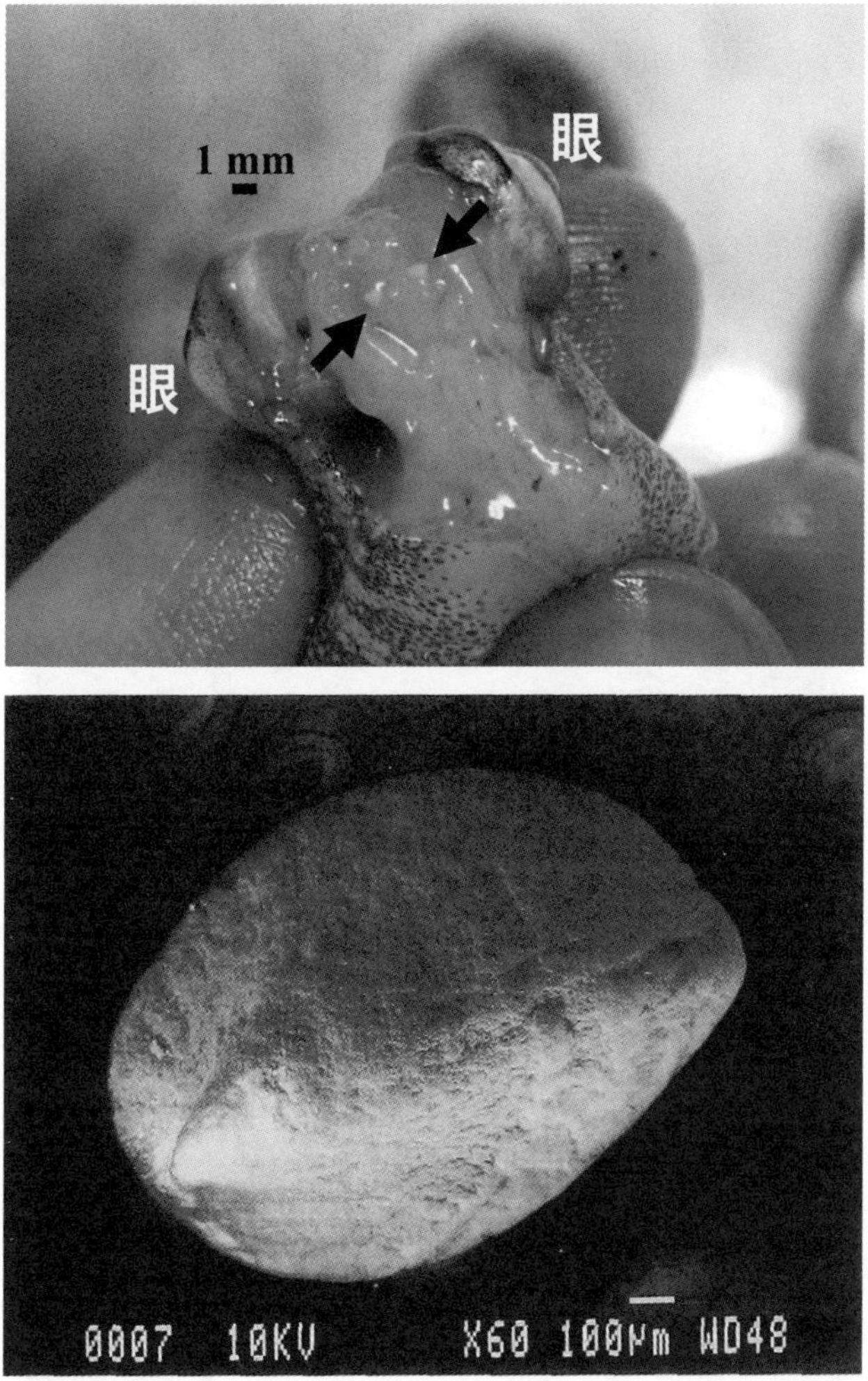

図1-14　タコの平衡石。上：ヒラオリダコの頭部と平衡石（矢印）、下：ミズダコの平衡石の走査型電子顕微鏡写真（平衡石を上から撮影したところ）。（下図は Ikeda, Arai, Sakamoto, Mitsuhashi & Yoshida, Fisheries Science 65, 161-162, 1999より一部を転載）

学といった分野で活用されている。

一方、タコの平衡石を研磨しても輪紋は見られない。ジャガイモの断面のように、何の模様も観察されない。そのため、タコの平衡石は齢査定形質にはならない。代わりに、外套膜中にある棒状軟骨《ぼうじょうなんこつ》に輪紋が見られ、これを齢査定に活用することができる。あるいは、顎板にも輪紋が見られ、こちらも齢査定に活用されることがある。ただし、棒状軟骨や顎板に見られる輪紋は、これらの器官の成長、つまりはタコの成長とも関連しており、日周期的な成長の機構は、仮にそれが存在するとしても明瞭ではない。このようなこともあり、タコの齢査定は今でも難しい課題の一つであり、それがタコの資源動態の解明を困難にしている。

感覚

視覚

五感とは私たちヒトが知覚する五種類の感覚、すなわち、視覚《しかく》、聴覚《ちょうかく》、触覚《しょっかく》、味覚《みかく》、嗅覚《きゅうかく》を表す言葉である。ヒト以外の動物も様々に世界を感じているが、その感覚は動物により異なっている。暗い土中で暮らすモグラは、視覚はほとんどきかないが嗅覚が優れている。コウモリは目も見えるが、聴覚が鋭く音で獲物を探知する。タコはどうかというと、「視覚の動物」と言われる。つまり、ものを見るのに長《た》けている。

タコの眼は私たちヒトの眼と構造がとてもよく似ている。図1-15はタコの眼球《がんきゅう》であるが、一見して大きな眼であることがわかる。私たちヒトを含む脊椎動物の眼はカメラ眼といわれ、一枚の大きなレンズ（水晶体）が眼球にはまっている。レンズで屈折《くっせつ》した外界の光は眼球の奥に位置する網膜《もうまく》に集められて像を結ぶ。タコの眼はヒトの眼とよく似たカメラ眼である（図1-15）。

タコの眼の外部の構造を見ると、ヒトの眼の瞼《まぶた》のように、はっきりそれとわかる瞼をもつ種もいる。学名 *Callistoctopus aspilosomatis* というタコは琉球列島沿岸に暮らす熱帯性のタコで、私はヒラオリダコという和名を提唱している（図1-5中）。ヒラオリダコははっきりとした瞼を持つタコで、図1-15下段には本種《ほんしゅ》が瞼を閉じた状態と、瞼を人為的に開けた状態が示してある。ヒラオリダコは夜行性で、朝になると眠くなり瞼を閉じてしまうのだ。このように明瞭な瞼はむしろ珍しく、マダコなど他の多くのタコに見る瞼はヒラオリダコのものに比べると幾分小さく、瞼を閉じても下側の眼がわずかに覗いて見える。

酷似《こくじ》する点も多いタコとヒトの眼だが、違う点もある。それは網膜の内部構造である。網膜はレンズで集められた光が投影《とうえい》されるスクリーンのようなもので、視細胞《しさいぼう》により構成されている。視細胞は光を受け取ることに特化した細胞で、光を受け取ると反応し、その情報が神経を介して脳に送られる。そして、脳の特定の領域でその情報が処理され、モノが見えるという感覚が生まれる。これが視覚である。

視細胞は細長い細胞で、外節《がいせつ》という先端部が光を受け取るところである。ヒトの視細胞の外節はなぜか光が来るのとは反対の方向、つまり眼の奥側を向いている。これは受光《じゅこう》という点ではなはだ非効率的で、反転網膜《はんてんもうまく》と呼ばれる。視細胞外節が光の入射方向と反対を向き、反転しているのでこのような呼び名が付けられている。ヒト以外の脊椎動物の眼も反転網膜である。反転網膜という構造のために、視細胞の情報を受け取る神経細胞の束《たば》を眼球の外に出すための通り道が必要になり、盲点《もうてん》という構造を生み出している。眼球から神経細胞が通り抜けるところに視細胞はなく、そこだけ光を受け取ることができない。そのため盲点と呼ばれる。

一方、タコの視細胞の外節はレンズで集光された光が来る方向を向いている。受光という点では非常に効率的な配置をしており、盲点もない。この点では、むしろヒトよりもタコの眼の方が構造的には優れていると言えるかもしれない。これはイカの眼も同様である。

構造が似ているということは、機能も似ていることを暗示している。眼の機能はモノを見ることだが、その程度を表すものに視力がある。視力検査で用いる黒い輪はランドルト環《かん》と呼ばれ、これを一定の距離から見て環の欠けた部分、正確には二本の線の間隙《かんげき》を見ることができるかを調べる。

この点に注目して、タコの視力も調べられている。例えば、タコに縦縞《たてじま》を見せ、それを回転させる。そうすると、タコは回転する縞を眼で追おうとする。縞同士の幅を狭くして、どこまでタコが視認できるかを調べると視力を割り出すことができる。ヒトと違って、タコにランドルト環を見せても右だ左だと答えてはくれないので、このような行動学的方法を使って視力を調べるわけである。これは他の動物の場合も同様である。

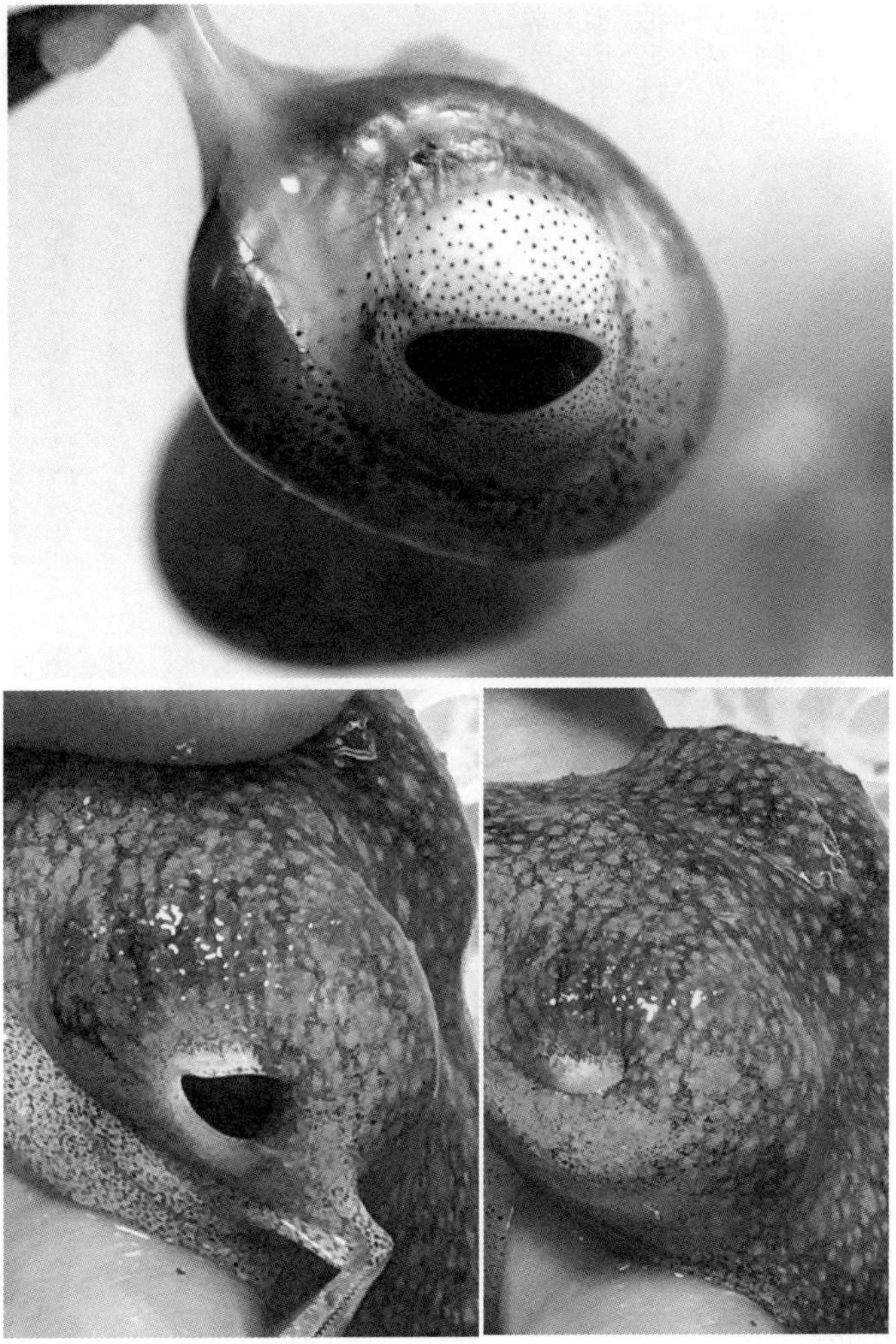

図1-15　タコの眼。上：解剖して取り出した眼球、下左：瞼を開いた眼、下右：瞼が閉じられた眼。写真はヒラオリダコ。

タコの視力を行動学的に調べた例は必ずしも多くはないが、*Octopus pallidus* と *Octopus australis* という種を対象にした視力検査では、視力はおおよそ0・1～0・2と見積もられる。視力の表示法は研究者により一定ではなく、この値はもともとコントラスト感度という値で求められたものをヒトの視力表示に換算したものである。コントラスト感度とは、空間正弦波パターンと呼ばれる縞模様を提示したときに、二種類の縞を見分けられる限界の値である。ヒトでは縞模様が白と黒のようにコントラストが強ければ見分けられるが、灰色とやや薄い灰色などだと見分けられなくなる。さらに、このような検査は一つのタコの種について複数の個体で行うが、個体によって値が違う。これは私たちヒトにも視力に個人差があることと同じである。

タコの視力はネコやキツネと同程度と考えられる。0・1の視力というと、ヒトでは外界がぼやけて見えるのであまりよく見えるとは感じられないかもしれないが、それでも慣れた生活空間ならこの視力でも行動するには大きな支障はないだろう。ネコを見ていて、彼らはあまりモノが見えていないというよりは、よく見えているという印象を持つ人が多いのではないだろうか。つまるところ、視覚は脳内で処理されて生じる現象であり、その動物がどのような世界を見ているかはよく分からない。同じことはヒトにも言えて、他人が自分と全く同じ世界を見ているとは言い切れない。なぜなら、私たちは各々自分が見る世界しか知らないからだ。同じ景色を見ていても、隣にいる人が全く同じ「像」を脳内に描いているのかは究極的にはわからない。その点を考えると、視力が0・1から0・2と見積もられても、それが私たちヒトの視力の0・1から0・2と同じとはいえないということだ。むしろ、この数字以上にタコはよく外界を視認しているといえそうだ。

視力を測った実験ではないが、地中海に暮らすマダコ（図1-17上）を対象とした実験では、円や正方形、十字形などの図形を見分けられることが分かっている。同じことは、沖縄に生息しているウデナガカクレダコ（図1-16）やヒラオリダコでも観察される。これらはいずれもタコが視覚的に優れた動物であることを印象付けるものといえる。

なお、地中海に暮らすマダコは、学名が *Octopus vulgaris* で、英名は Common octopus、つまり「一般的なタコ」である。地中海のマダコは模式標本《もしきひょうほん》であり、世界中の海洋に分布するとされていた。日本でマダコと呼ばれるものも地中海のものと同じと考えられていたが、近年、前東北大学教授のグレディール・イアン博士（現合同会社アイケフ）の分類学的な研究から、日本のマダコは *Octopus sinensis* という学名の、別種のタコであることが明らかにされた（図1-17下）。そのため、マダコという和名は *Octopus sinensis* という種に適用されるのが本来であり、地中海の *Octopus vulgaris* には何か別の和名が必要ということになる。そこで、グレディール博士は地中海のマダコの和名として、

図1-16　ウデナガカクレダコ
沖縄本島沿岸のウデナガカクレダコ（撮影：柳澤涼子氏）

「チチュウカイマダコ」を提唱している。これに倣《なら》い、本書ではこれ以降 *Octopus vulgaris* をチチュウカイマダコと表記する。

閑話休題。視覚という感覚は、言い換えれば光を感知することである。それを眼という器官が担っている。光を眼で感知するというのは多くの動物で共通するものだが、近年、タコが眼以外の場所で光を感知していることが報じられた。それは表皮である。その事実が報じられたのは、カリフォルニアツースポットダコ（*Octopus bimaculoides*）である。このタコは日本に生息するイイダコとよく似ており、カリフォルニアイイダコとも呼ばれ、傘膜に浮き出る目玉模様が特徴的である（図1-18）。このタコでは、眼の網膜にある視細胞の感光色素《かんこうしきそ》が表皮の細胞にも存在することが示唆されている。感光色素というのは光が当たると反応する物質で、これにより光の情報が生み出される。それと同じものが皮膚にもあるということは、体の表面で光を感知できるということだ。

タコは多彩に体色を変化させる動物で、周囲に溶け込むカモフラージュの達人である。このメカニズムは、タコが眼で周囲

図1-17　Common octopus. 上：地中海産のマダコ（チチュウカイマダコ）（*Octopus vulgaris*）、下：日本産のマダコ（*Octopus sinensis*）。（撮影 上、滋野修一博士；下、川島菫博士）。

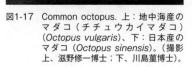

の色彩やパターンを見て、それに似せた体色パターンを醸《かも》し出すものと考えられていた。確かにこのような知覚のルートはあるだろうが、眼で見えない場所もあるだろうし、タコの体色変化は一瞬の早技なので、周囲を眼で見てその情報を脳に送って処理し、脳から表皮に指令が出て体色が変わるという過程を経ていては時間がかかり過ぎるのではないかとも考えられていた。

その点、表皮自体が光を感知できる、つまりは周囲の光情報を受け取れるのであれば迅速な体色変化が可能と考えられる。タコの体色変化の神経科学的な機構は完全には解き明かされてはいないが、表皮での光受容《ひかりじゅよう》は体色変化と何らかの関わりを持っていると思われる。表皮による光の知覚という画期的な発見は、米国カリフォルニア大学サンタバーバラ校のデズモンド・ラミレジィ博士とトッド・オークリ博士により成され、『ジャーナル・オブ・エキスペリメンタル・バイオロジー』という実験生物学の雑誌に二〇一五年に発表された。

タコは視覚を中心として優れた光感知能力をもつということをここまで述べてきた。また、色彩を変幻自在《へんげんじざい》に変える「カモフラージュの達人」との異名ももち、光彩の使い手とも言える動物であることも述べた。しかし、そのことと矛盾するような事実が一つある。それは、タコは色を感知できないということである。

私たちヒトの日常生活は多くの色に満たされており、いわば色の世界に生きている。色覚《しきかく》である。色覚異常といった特性をもつ人の場合にはその感知の範囲は狭くなるが、健

図1-18　カリフォルニアツースポットダコ（カリフォルニアイイダコ；*Octopus bimaculoides*）。傘膜に左右対象の目玉模様がある（下の写真の矢印）。（撮影　滋野修一博士）

常の人ならば経験する世界はカラーである。これは、網膜の視細胞のうち錐体細胞《すいたいさいぼう》という、先端が円錐形をした細胞に三つの種類があり、三種類の異なる光の波長《はちょう》を感知できるからである。

これら三つの波長に感度をもつ錐体の働きで、光の三原色《さんげんしょく》ができ上がり、様々な波長の光、つまりは色を感知することができる。光受容には視細胞の中にある視物質《しぶっしつ》が関わるが、ヒトの三種類の錐体細胞にはそれぞれ赤オプシン、緑オプシン、青オプシンという三種類の視物質があり、これらが色覚に関与している。また、錐体細胞の他のもう一種類の視細胞、すなわち暗所で働き、先端が円錐形をした桿体細胞《かんたいさいぼう》のオプシンは一種類のみである。ヒトだけがカラーの世界に生きているわけではなく、ヒトと同じ霊長類のサルやチンパンジー、あるいは空域を生活圏とする鳥類も色覚をもっている。また、水の中に眼を転じれば、多くの魚にも色覚が認められる。さらに、これら脊椎動物だけではなく、昆虫や甲殻類《こうかくるい》といった無脊椎動物にも色覚が認められる。これらの動物は複数の種類の視物質をもっているのだ。

一方、タコの網膜を構成する視細胞は一種類であり、そこに含まれる視物質のオプシンも一種類である。タコの視物質が受容できる最も感度の高い光の波長、すなわち分光感度《ぶんこうかんど》は、チチュウカイマダコで４７５㎚（ナノメートル＝10億分の１ｍ）、イイダコで４７７㎚、ジャコウダコで４７０㎚である。これらの波長は、色で言えば青の範囲に入る光である。つまり、ただ一種類の色だけに感度が良いということになる。

ただし、タコが青色を感知しているというわけではなく、470nm前後の波長の光を最も感度良く受光できるということで、実際にこれらのタコがどのような世界を感知しているのかはわからない。少なくとも、私たちヒトとは異なる光の世界であることは間違いないであろう。

色覚を欠くという特性は、イカも同じである。イカも視細胞には一種類のオプシンしかもっていない。ただ、例外が一つ知られている。それは深海性の種、ホタルイカである。富山湾《とやまわん》で幻想的に発光することで有名なホタルイカは三種類の視物質をもち、網膜にも独特の構造が認められる。あまり光が届かない深海に暮らすホタルイカが色覚をもつのは不思議な話だが、同種他個体の発光を見るのに色覚が機能しているのではないかとの考えがある。ホタルイカが色覚を有する生態的意義はまだ不明である。

同じく、スナダコというタコの一種に色覚があるという報告が、鹿児島大学の川村軍蔵《かわむらぐんぞう》博士らにより二〇〇一年の『日本水産学会誌』に報告されている。これは、タコに異なる色の刺激（白色、灰色、青色）を提示して餌を与えるという色弁別《いろべんべつ》試験という行動実験から検証したもので、タコが青色を識別したというものである。同じ方法でマダコについても実験したが、こちらは青色の識別はできなかった。この論文ではスナダコの色覚を示唆するに留まっているので、視細胞の分光感度の測定や視物質の同定など、更なる検証を重ねて結論を出すことが今後に期待される。

色覚は欠くものの、タコの視覚にはユニークな特徴がある。それは偏光《へんこう》を感知できることである。光は波であり、その波には色々な方向がある。色々な方向の波が合わさって光となっており、それら方向の異なる波が偏光である。私たちの眼では偏光は感知できない。そのため光に対しては、ただ明るいとか暗いという感覚しかない。

動物の中には偏光を感知できるものがいる。例えば、ミツバチがそうである。曇っていて太陽が見えない時でも、地上に降り注ぐ太陽光の偏光からミツバチは太陽の方角を感知し、それをもとに蜜源《みつげん》の花畑を仲間に知らせる踊り、「八の字ダンス」を巣で踊る。動物行動学の開祖、オーストリアのカール・フォン・フリッシュ博士が解き明かしたダンス言語である。偏光を感知できることにより、光から得られる情報が増すのだ。

タコもミツバチに同じく、偏光を感知できる。タコの視細胞をよく見ると、光を受けとる外節に微絨毛《びじゅうもう》が直交《ちょっこう》して配置された独特の構造がある。これは感桿《かんかん》と呼ばれるもので、偏光の受容に機能していると考えられている（図1-19）。偏光感知能はイカも同様で、同じく視細胞に感桿構造がある。タコが偏光を何に用いているのかについては、未だによくわかっていない。

偏光視覚の機能として面白いアイディアが、当時米国メリーランド・ボルティモア大学にいたナダヴ・サー

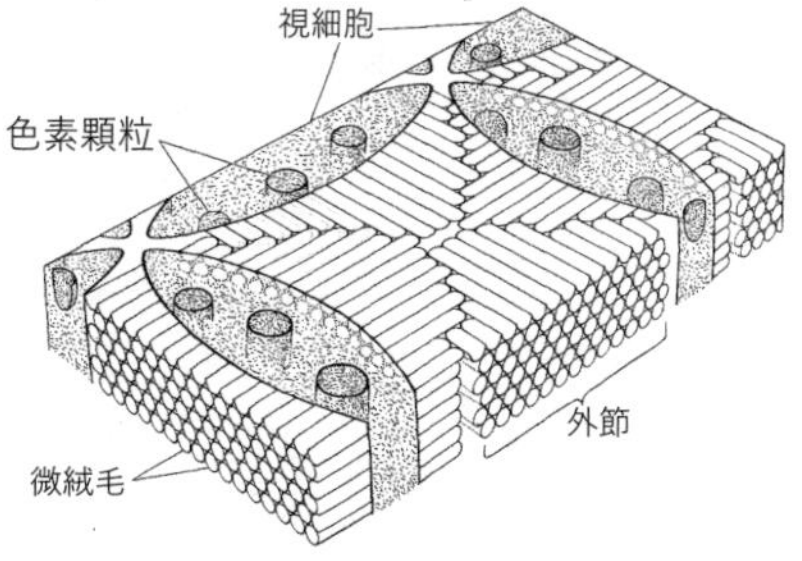

図1-19　タコの視細胞外節にある感桿の模式図。(M. F. Moody and J. R. Parriss, Zeitschrift für vergleichende Physiologige 44, 268-291, 1961より一部改変して転写)

シャ博士と彼の共同研究者らにより、『ジャーナル・オブ・エキスペリメンタル・バイオロジー』誌に一九九六年に発表された。これはヨーロッパコウイカを対象とした実験で、このイカに鏡を見せると、鏡像を同種他個体と誤認したのか威嚇行動《いかくこうどう》を示した。ところが、鏡にフィルターをかけて偏光をカットしたところ、鏡像に対して威嚇行動は示さなかった。

ヨーロッパコウイカの体表面を調べると、腕や頭部などに偏光している箇所が見られた。イカはこのような体表の偏光パターンを信号として、種内コミュニケーションを行なっているのではないか。これは、偏光を感知できない捕食者には見えないものなので、いわば イカ同士の内緒話としての機能がある。これは極めて魅力的な仮説で、同じことがタコにも適用できるだろう。

タコは、自分では色は見えないが、体色を多彩に変えて環境に溶け込むという精巧なカモフラージュを行う。これは色覚をもつ捕食者たちに対して効果的な防衛行動となる。色が見える捕食者は、タコが艶《あで》やかであればあるほど、そしてそれによって周囲と見分けがつかなければつかないほど、獲物であるタコを見つけ出すことができないからだ。そうしておいて、タコたちは偏光パターンを使ってコミュニケーションをとる。非常によくできた話である。タコとイカにおける偏光視覚の機能は、今後その詳細が解き明かされることが期待されるテーマである。

体色変化

体色パターンを周囲に似せて背景に溶け込むカモフラージュは多くの動物に見られるが、タコのカモフラージュで特徴的なことは、体色のみならず体表の凹凸《おうとつ》も周囲に似せることである。自分が滑らかな岩肌の上に乗っているなら体表を滑らかにし（図1-20上）、ゴツゴツした岩の近くや海草の中にいるなら体表にトゲトゲを表出する（図1-20中、下）。色のみならず、形状まで合わせることで、カモフラージュの完成度は非常に高くなる。まさに達人である。

さらに、タコのカモフラージュがユニークな点は、その変化の速さである。タコは様々な体色パターン、体表パターンを瞬時に表出し、あるいは消すことができる。あっという間の早技である。これは、これらのパターン変化が神経細胞により制御されているからである。

タコの表皮には色素胞《しきそほう》という細胞が無数に分布している。色素胞は色素顆粒《しきそかりゅう》という色の小さな粒を内包した袋で、この袋には放射状に筋肉細胞が付属している（図1-21）。色素顆粒には赤色や茶色など、幾つかの種類がある。周囲の筋肉細胞が収縮《しゅうしゅく》すると色素胞が四方に拡張され、内包された色素顆粒が袋の中に広がり、その顆粒の色がはっきりと見えるようになる。逆に、色素胞に付属した筋肉細胞が弛緩《しかん》すると、色素胞はもとのように縮小し、内包された色素顆粒も凝集《ぎょうしゅう》してその顆粒の色が見えなくなる。

色素胞に付属する筋肉細胞には神経細胞が連絡しており、筋肉の収縮と弛緩を制御している（図1-21）。神経細胞からの指令伝達は非常に速い過程であり、筋肉の伸び縮みも一瞬の過程である。つまり、色素胞の挙動も瞬間的なものとなり、色の点滅のような現象が起こる。さらには、ある場所の色素胞を拡張させ、別の場所の色素胞は収縮させるという指令が神経細胞から届くことで、様々な体色パターンが創出される。

タコの表皮には、色素胞の他に、反射性細胞《はんしゃせいさいぼう》という鏡のように光を反射する細胞も分布している。反射性細胞には虹色素胞《にじしきそほう》と白色素胞《はくしきそほう》があり、これらの働きにより、純白な色、そして、原色だけではなく蛍光色のようなキラキラと輝く色彩を体表に醸し出すことができる（図1-22、第2章図2-4）。

図1-20　カモフラージュするタコ。写真はウデナガカクレダコ。（撮影　上：安室春彦博士、中：柳澤涼子氏、下：川島菫博士）（口絵 p.6）

表皮を横から見ると、上の層に色素胞が、下の層に反射性細胞が分布している。そのため、上層の色素胞が拡張していると下層の反射性細胞は色素胞がフィルターのような形となり、外から見るとより複雑な色彩を呈することになる。

反射性細胞も神経細胞の制御を受けているので、素早い変化が可能となる。表皮の凹凸についても、神経細胞が関わり、トゲトゲを瞬時にして出すことができる。同じことはイカでも行われている。タコとイカに見られるこのような動的な体色・体表パターンの変化というのは、動物の中では極めてユニークなものである。「カモフラージュの達人」とは、頭足類に対して与えられた異名である。

なお、頭足類の体色、表面の凹凸の変化に加え、それらを表出しているときの個体の姿勢、動き（運動）を組み合わせたパターンをボディパターンという。これは頭足類のユニークな行動特性であり、変幻自在という点で極めて特異的なのである。

聴覚

タコは音を聴くことができるだろ

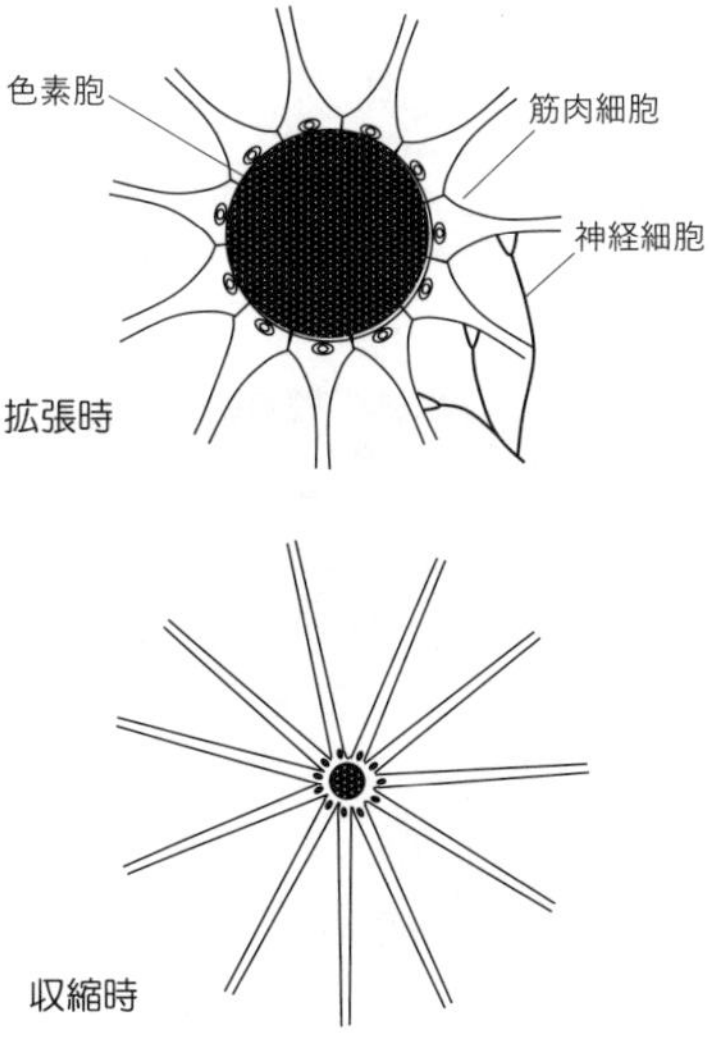

図1-21　色素胞の模式図。

うか。

頭足類の聴覚については昔から議論があった。海中でのタコを観察している段階では、音は聴こえていないように見えたり、聴こえているように見えたりしていたことが論戦を生み出していたが、聴覚を調べる科学的手法が導入され、タコもイカも聴覚をもつことが今では明らかとなっている。

海を住処《すみか》とする動物には、私たちヒトと同じように聴覚をもつものがいる。図1-23上は頭足類の可聴域《かちょういき》（聴くことができる音の範囲）を他の海洋動物と比較して示している。横軸が可聴域で単位はヘルツである。図1-23上には風と波の音域《おんいき》、人間活動によって生じる音の音域も一緒に示してある。これを見ると、頭足類の可聴域は1から1000ヘルツ、風や波、船のスクリュー音など人間活動による雑音も聴くことができる。これは、魚類やウミガメの可聴域と似ている。

その内訳を種ごとに示したものが図1-23下である。これを見ると、頭足類の可聴域は種間で似ているもの

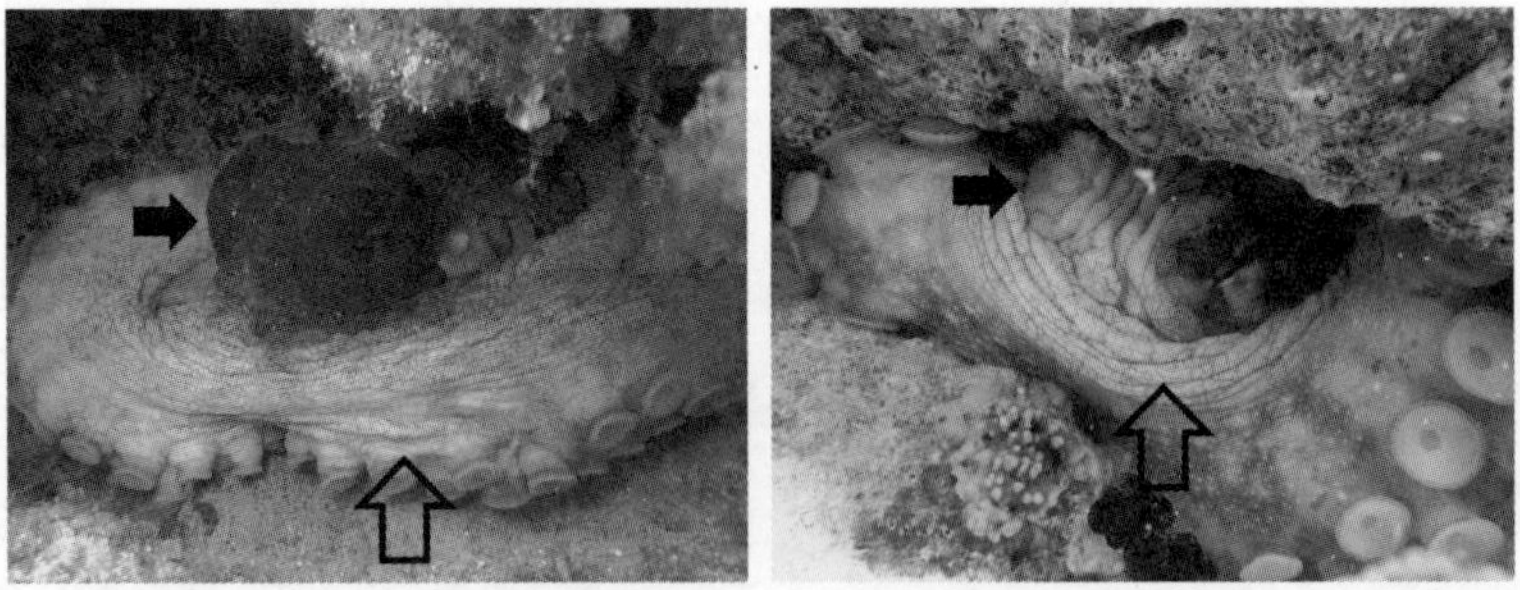

図1-22　色素胞の働きで体色を変えるワモンダコ。左：頭部の色素胞が拡張（黒矢印）、右：頭部の色素胞が収縮（黒矢印）。反射性細胞（白色素胞）が働いている部位（中抜き矢印）。（撮影　網田全氏）（口絵 p.6）

と異なっているものがある。例えば、アオリイカとチチュウカイマダコの可聴域、アメリカケンサキイカとイイダコの可聴域はそれぞれ似ている。一方で、ヨーロッパコウイカの可聴域は三つ示されているが、これらは重複しつつも異なる範囲にある。同じ種でも、計測の方法の違いにより報告された可聴域が異なっているのだ。

図１-23には、行動を観察して可聴域を判定する（行動）、聴覚器官である平衡胞から神経細胞の活動電位《かつどうでんい》を測定して可聴域を判定する（神経活動）、呼吸量を指標に可聴域を判定する（生理反応）という三つの計測方法で求めた結果を示している。これを踏まえてみると、頭

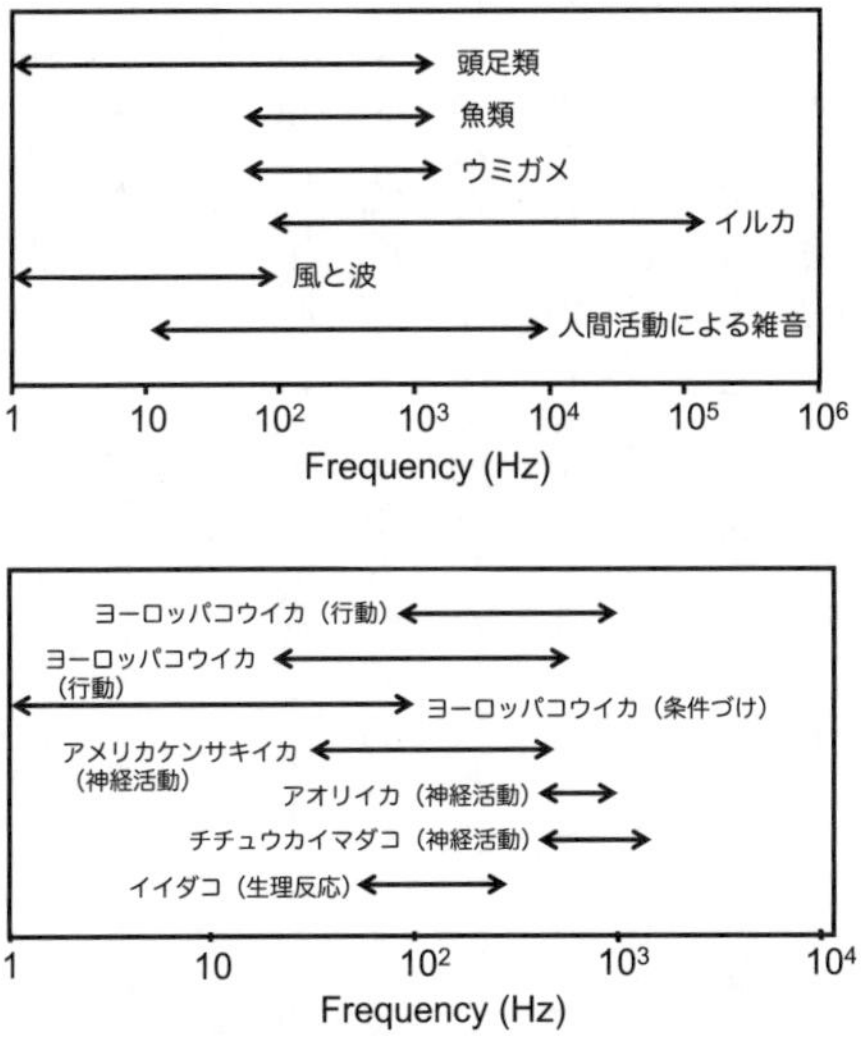

図1-23　海中の音。上：海洋動物の可聴域と海中音の音域、下：複数の頭足類の可聴域。頭足類の種名横の括弧は検出方法を示す。（Samson, Moony Gussekloo & Hanlon, The Effects of Noise on Aquatic Life II, pp. 969-975, 2016を基に描く）

足類の可聴域は種間でも種内でも異なるが、その違いは計測方法に起因している可能性もあると考えることができる。これらの計測方法のうち、イイダコを対象とした生理反応はかなり精度が高いものと言える。その方法は次のようなものだ。

タコが呼吸するためには外界水《がいかいすい》を外套膜の内側の空間（外套腔《がいとうこう》）に流入させ、そこにある鰓を通じて海水中の酸素を取り込み、取り入れた海水を漏斗から外に出すという行動が必要となる。この際の外套膜が膨《ふく》らんだり萎《しぼ》んだりする点に注目して、そこから相対的な呼吸量を計測する。それが音を聴くことに関連して変化することから、タコが聴く音を突き止めることができる。これは、当時、東京海洋大学にいた海部健三《かいふけんぞう》博士（現中央大学）らが開発した手法で、頭足類の音響生理学では画期的と言えるものであった。

ちなみに、頭足類の平衡胞が聴覚器官であるというのは随分昔から言われていたが、それは平衡胞の解剖学的知見に基づくものであった。既に紹介したように、軟骨でできた平衡胞という袋の中に平衡石という生体鉱物が入っており、平衡胞の内壁には有毛細胞が分布している。そのため、音に呼応した平衡石の動きを有毛細胞が感知して聴覚情報が脳に伝達されると考えられていた。しかし、それを実験的に確かめた例はなかった。海部博士らはイイダコを対象として、平衡石を人為的に摘出《てきしゅつ》した場合と何もしなかった場合で、特定の音に対するタコの反応を調べた。その結果、前者で音に対する反応がなくなることから、平衡胞が聴覚器官として機能していることを初めて明らかにした。この成果は水産学の専門誌『フィッシャリーズ・サイエンス』において二〇〇八年に報告された。

ここで、少し腑《ふ》に落ちない点がある。そもそも聴覚は、音がある種の情報となり、それを得るためにあるといえる。分かりやすい例は私たちヒトが、伝えたいことを言葉で表現し、声に出し、それを耳で聴いて理解する、という音声コミュニケーションである。伝える内容はより単純なものになるが、音声コミュニケーションは、サルやトリ、イルカなど様々な動物にも見ることができる。これらの動物で共通するのは、聴覚器官をもつことに加え発声器官をもつことである。つまり、聴くことができる動物は声（音）を発することもでき、これら二つはセットで存在している。

さて、タコはどうかというと、聴覚器官はあるものの発声器官はない。口はあるがそこから音声が発せられることはない。イカは漁獲された際に「キュウ、キュウ」と鳴くが、あれは空気中で外套膜を開閉させた時の断末魔《だんまつま》の音で、機能的な音声ではない。つまり、タコもイカも聴くだけで声を発することがない。このことは、聴覚と発声のセットという、聴覚をもつ他の動物の例と照らすといささかおかしい。聴覚だけをもつことにはたしてメリットがあるのだろうか。

実は、タコやイカの他にも、自身は声を発しないが音は聴くことができる動物がいる。トカゲである。京都大学の伊藤亮《いとうりょう》博士らは、マダガスカル島に生息するイグアナの仲間が聴覚をもち、それを捕食者の探知に利用していることを突き止めた。イグアナの天敵は猛禽類《もうきんるい》やヘビなどであるが、これらは小鳥にとっても同じく天敵である。トリの中には警戒声《けいかいせい》（アラームコール）を発し、捕食者の存在を同種の仲間に伝えるものがいる。聴いて発声できるトリにとって警戒声は音声コミュニケーションの一つであるが、マダガスカルのイグアナはこの警戒声を聴き取り、危険を察知しているのだ。伊藤博士らは、録音したトリの警戒声をイグアナに聴かせて行動を見るプレイバック法によりこのことを実証した。これはイグアナによる「盗聴」であると伊藤博士は表現している。

捕食者から逃れ、生き残ることは動物にとって非常に重要なことである。そのため、盗聴のために聴覚のみが保有されていても不思議ではない。海中でも捕食者に由来する様々な音が発せられている。これらにはタコの捕食者となるイルカの発するクリックス音や、歯をもつ魚類が歯を擦《す》り合わせる音などが含まれる。例えば、イルカが仲間同士で行うエコロケーションをタコが盗聴できれば、捕食の災難をいち早く回避できるかもしれない。タコやイカが聴覚を何に用いているかはまだ解き明かされてないが、イグアナと同じように捕食者を探知するという機能は大いにありそうである。

触覚と味覚

タコは「腕で考える動物」と言われる。これは、タコが触覚を駆使することを述べた、言い得て妙な表現である。タコは8本という多くの腕をもつが、その腕には吸盤が付いている。吸盤は読んで字の如く、吸着機能をもつ盤状《ばんじょう》の器官で、中央部に半球状の中空がある。吸盤が押し付けられると、この半球状の空間が陰圧《いんあつ》になり、対象物にピタリと吸い付くようになる。これは物理的特性だが、吸盤にはさらに機能がある。それが触覚と味覚に関わるものである。タコの主な触覚器官は腕の吸盤で、吸盤には触覚に関わる受容体細胞《じゅようたいさいぼう》（外界から刺激を受け取り、情報に変換する役割を担う細胞。レセプターとも呼ばれる）が分布している。タコの触覚については一九五〇年代にチチュウカイマダコ（図1-17上）で調べられた。

これは学習実験と呼ばれ、複数の溝《みぞ》が鉛直《えんちょく》方向に彫《ほ》られた円柱（図1-24下左）をタコに触らせ、触った場合はタコに餌を与える、というものである。このようなことを繰り返すと、タコは溝が彫られた円柱を腕で触ると報酬《ほうしゅう》の餌がもらえることを学習し、円柱を触るようになる。その上で、溝が彫られていない円柱（図1-24下右）と既に学習した溝が彫られた円柱を同時にタコに提示し、学習した円柱を触れば報酬を与えるようにすると、タコは高い正解率で学習した円柱を触る。

この実験は、タコが触覚情報によって溝の弁別ができることを示している。その際、鍵とな

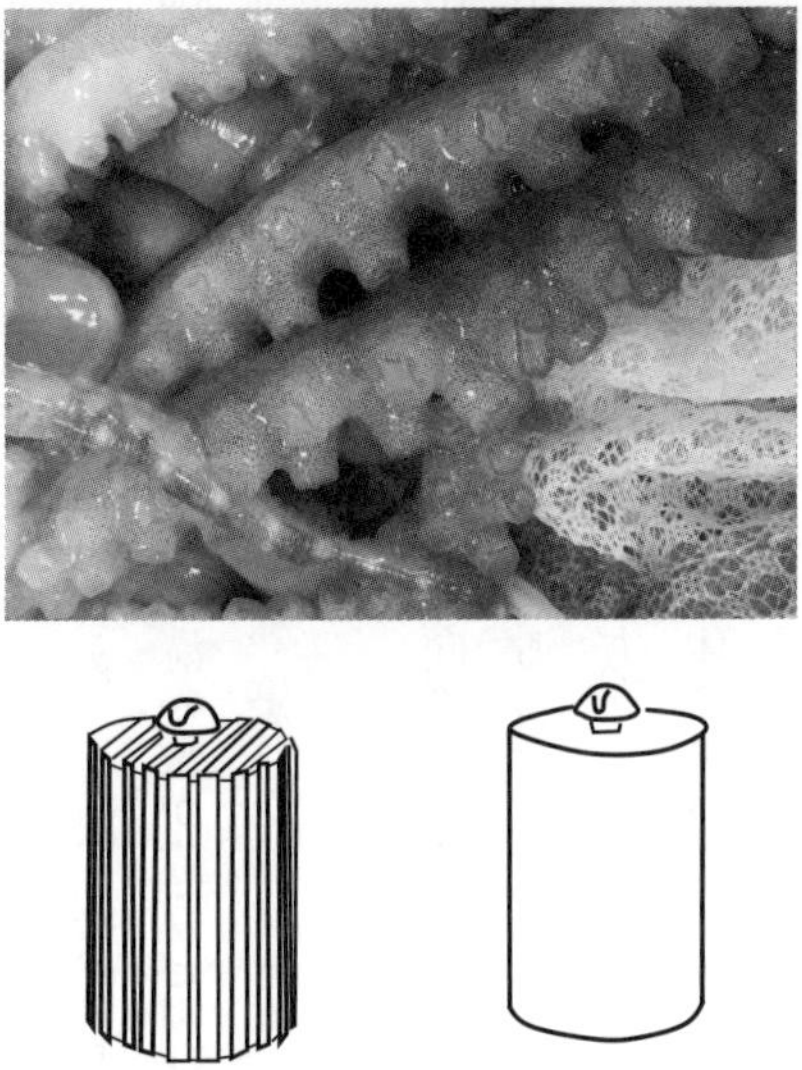

図1-24　タコの触覚。上：タコの吸盤、下：触覚学習で用いられる円柱。写真はヒラオリダコ。（下図はWells and Wells, Journal of Experimental Biology, 34, 131-142, 1957を基に描く）

るのは円柱表面の溝の有無、つまり触覚情報である。円柱に彫る溝の数を変えることにより、異なる触覚情報をもつターゲットを提示することができる。実際に実験してみると、タコは溝の数が違う円柱同士を弁別できることが分かった。溝の数が違うと円柱の触り心地も異なるが、タコはそのような違いを弁別できることから、優れた触覚をもっていることがわかる。

また、水平《すいへい》方向に溝が彫られた円柱で実験しても、鉛直方向の溝を使った場合と同じ結果が得られる。方向に関係なく、円柱の触り心地を認識できるのだ。ただし、彫る溝の度合いを同じにした場合、鉛直方向に溝が彫られた円柱と水平方向に溝が彫られた円柱を弁別することはできなかった。少なくとも、腕の中に収まる物体において、溝の方向を識別することは難しいようである。

触覚に加えてタコの吸盤は味覚も感知できる。これは対象物に触ることでその味が分かるというもので、私たちヒトの舌のようだとも言える。その感度はかなり良く、例えば、チチュウカイマダコでは、ショ糖《とう》、塩酸《えんさん》、キニーネへの感度がヒトの百倍であることや、塩化《えんか》カリウムがわずかに加えられた海水（具体的には0．00001モルの濃度）と何も加えていない海水とを区別できることなどが知られている。

ところで、吸盤に触覚と味覚に関わる受容体細胞があることは述べたが、これは、チチュウカイマダコの腕を光学顕微鏡で調べ、受容体細胞と考えられる形をした細胞が分布していたことから、一九六〇年代に指摘されたことである。しかし、それらの細胞が本当に触覚と味覚に関与しているのか、つまり、タコの腕には受容体細胞があり、それによりタコが腕で触り心地や味を認識しているのかという点は正確には検証されないままであった。

米国ハーバード大学のニコラス・ベッリーノ博士らは、カリフォルニアツースポットダコで神経生理学的な研究を行った。米国沿岸に分布するこのタコは、全ゲノムが解読されて話題となった種である。ベッリーノ博士らはカリフォルニアツースポットダコの腕を顕微鏡観察により観察し、吸盤表面に機械的受容体、化学的受容体と思われる細胞を特定した。ここでいう機械的受容体とは触覚に関わる受容体、化学的受容体とは味覚に関わる受容体を指している。特別な染色法により、これらの受容体細胞が美しく染め出された。また、他の動物で分かっている類似の受容体細胞と比べて、形が似ているということからもタコの吸盤表面にある細胞が受容体細胞だと考えられた。

さらに、特定した受容体細胞をパッチクランプ法という電気生理学的手法で調べ、機械的受容体は触れることに対して、化学的受容体は魚からの抽出物《ちゅうしゅつぶつ》といった化学的要素に対して特異的に反応することが確かめられた。また、アガロース（寒天の主要な成分で海藻から分離精製される）を塗《ぬ》った床《ゆか》と、何も塗らない床という、化学的に異なる条件の床の上にタコを置いて観察したところ、アガロースを塗った床を腕で盛んに触るという行動を示した。吸盤の受容体を使って、化学臭を探索していたと考えられる。タコはやはり腕の吸盤をセンサーとして用いていたのだ。タコの吸盤が触覚、味覚に関わることを多角的に検証したこれらの研究成果は、権威ある科学雑誌の『セル（Cell）』に二〇二〇年に発表された。

本章ではタコの分類から進化、体のつくり、感覚に関わる事柄を見てきた。次章では、独特な形の体や五感を駆使してタコがどのような生活を送っているのか、その生涯の歩みを見ることにする。

平衡石と函館山

二〇年以上前だが、タコ研究会という集まりが明石《あかし》で開かれた。当時、私は京都大学でイカを研究していたが、タコにも並々ならぬ興味を抱いており、明石の研究会へと出向いた。その懇親会の席で、私の隣に座られたのが北海道立稚内水産試験場（当時）でミズダコを研究しておられた三橋正基《みつはしまさき》さんだった。

大学の先輩であることを知った親近感も手伝い、私は三橋さんにミズダコの平衡石について聞いてみた。平衡石は平衡感覚に関わる一ミリほどの生体鉱物だが、その動物が過ごした時間や環境を刻む記録計としても注目される。私はイカの平衡石を調べていたが、タコの平衡石は見たことがなかったのだ。

ミズダコの平衡石はどんな形をしているのですか？三橋さんに尋ねた。「函館山《はこだてやま》っていうお菓子があるんだけど、あれによく似ているんだよね」と予想外の答えが返ってきた。

私は函館に九年ほど暮らし、百万ドルの夜景を眺望できる函館山にも登ったが、函館山というお菓子のことは知らなかった。以来、私の中では「タコの平衡石イコール函館山」というイメージが残った。

この出会いを通じて、私は三橋さんとミズダコについて共同研究を進めた。ミズダコは、沿岸の浅場と深場を行き来していると言われていた。漁獲場所からそのように考えられたのだ。それならば、その様

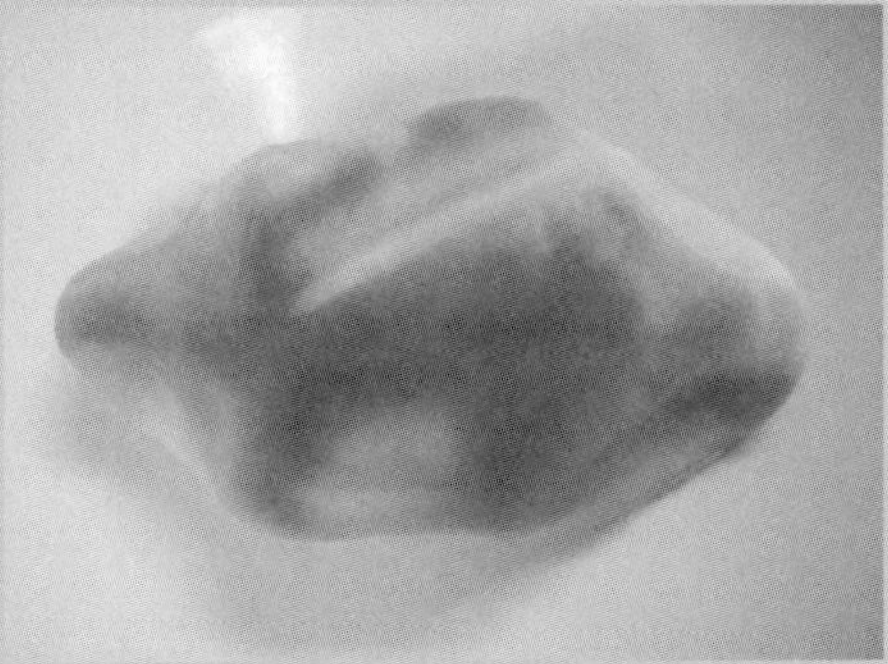

銘菓「函館山」（上から見たところ。図1-14下と比較されたし）

子を平衡石から採れないだろうか。私は、三橋さんから送ってもらったミズダコの平衡石を分析した。平衡石は時間と共に結晶が成長する鉱物。つまり、その外側ほど新しく、表面は最近作られたところだ。そこで、平衡石表面のストロンチウムとカルシウムの量を計測すると、タコが最後に過ごした場所の水温情報を得られる可能性がある。古生物学で使われる手法だ。計測結果はミズダコの深浅移動を示唆するものだった。

ミズダコの平衡石は全体が丸くこんもりと盛り上がったような形をしている。一方、お菓子の「函館山」は、函館山の起伏《きふく》を精巧に再現している。酷似とまではいかないものの、両者は似た感じとも言える。

三橋さんとの出会いから随分後に私は函館山を食してみたが、和洋折衷《わようせっちゅう》の美味なお菓子であった。

第2章　タコの一生

誕生

生物が生まれてから死ぬまでの過程は生活史と呼ばれる。生活史の出発点は誕生である。タコの誕生は卵から孵《かえ》ること、つまり孵化《ふか》である。

タコの卵は長円形《ちょうえんけい》で片側から糸状の物質が伸びている。このような卵が集まり卵塊《らんかい》という形状をとる。卵塊は一個体の雌が生み出した一腹《ひとはら》のもので、それを海中にばら撒《ま》くのではなく一つの塊にする。産卵期の雌ダコは卵塊を抱き、表面のゴミを取る、水を吹きかけるという世話を孵化まで続ける（図2-1A）。タコの卵塊はその見た目が藤《ふじ》の花に似ていることから、海藤花《かいとうげ》という素敵な別称が付けられている（図2-1B）。

海藤花の中ではタコの胚発生《はいはっせい》が進行する。胚とは多細胞生物《たさいぼうせいぶつ》の体が受精卵《じゅせいらん》からつくられる段階のことで、その段階が進む過程が胚発生である。

胚発生の期間、つまり孵化に至るまでの時間はタコの種類やその時の水温によって様々に異なる。例えば、チチュウカイマダコの場合、産卵から孵化までに要する日数は飼育水温が25℃では26日から32日、16℃では67日から69日である。これらの数値は、光など他の飼育条件や飼育に用いた卵の状態などにも依存するのでおおよその目安ということになる

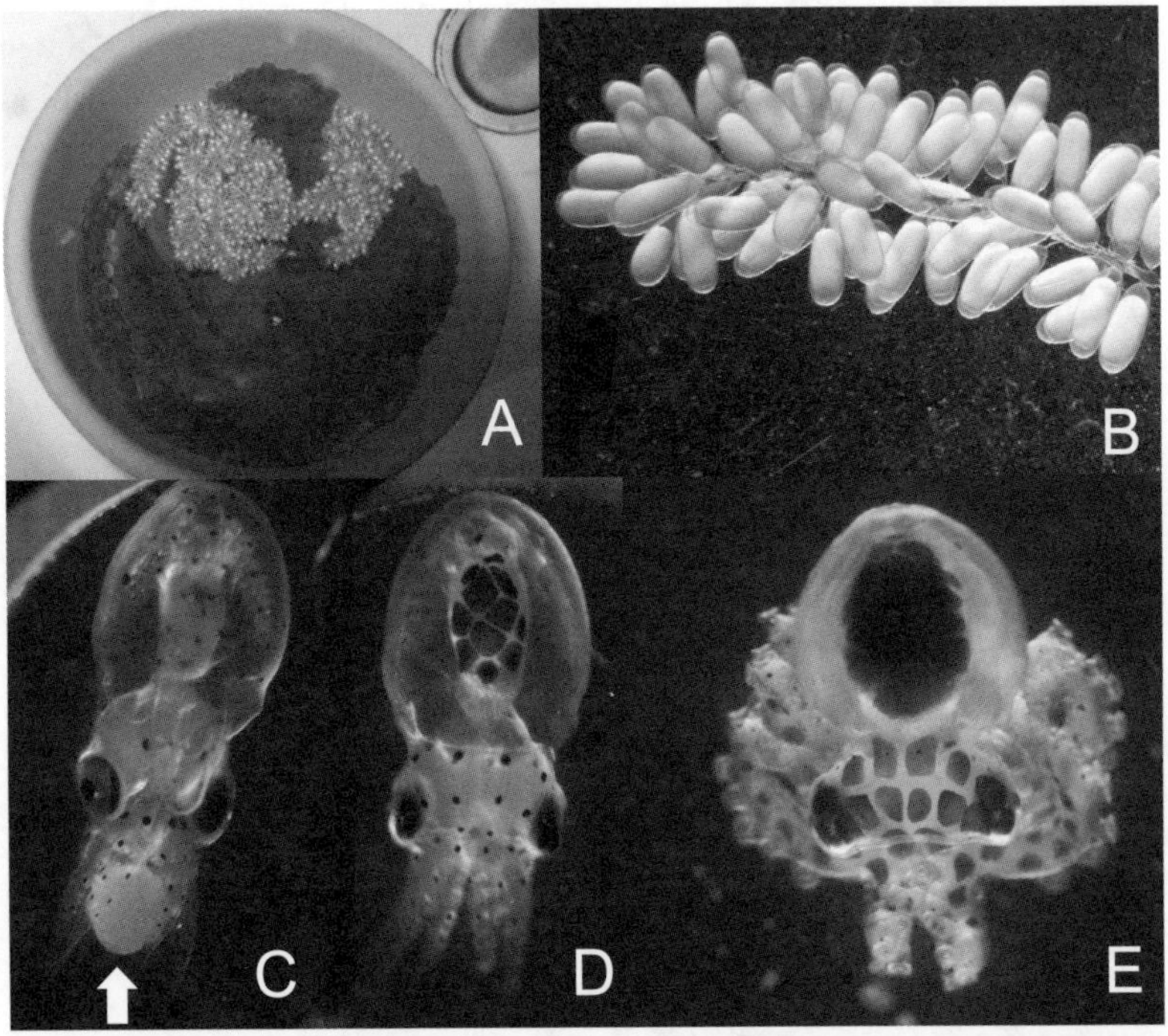

図2-1　タコの抱卵と卵稚仔。抱卵する雌タコ(A)、タコの卵塊（海藤花）(B)、タコの孵化個体(C, D)（Cは外卵黄［矢印］を抱えている）、タコの着底個体(E)。写真は何れも飼育下のウデナガカクレダコ（撮影：A, B 柳澤涼子氏、C–E 島添幸司氏）。（口絵 p.7）

が、温度が高ければ胚発生が早く進み、逆に温度が低いと胚発生はゆっくり進むという傾向がある。

この傾向はタコの種間の違いにも現れる。例えば、その行動を後述する、冷水に暮らす世界最大のタコ、ミズダコ（図２-７）での研究によれば、水温10℃〜15℃で飼育した場合、本種の胚発生期間は実に１６８日以上という長期間に及ぶ。

胚発生の終着点は卵からの孵化で、胚は一連の形態形成を終えて卵から出てくる。胚発生の間は卵黄《らんおう》が栄養となっており、胚は卵黄を抱えるようにして発生が進む。胚が腕で抱えている卵黄は外卵黄《がいらんおう》といい、胚の外套腔内にある卵黄を内卵黄《ないらんおう》という。外卵黄は孵化時点では吸収されてなくなっているのだが、中には外卵黄を抱えたまま孵化してくる慌て者のタコもいる（図２-１C）。

なお、孵化時点では内卵黄はまだ残っていることが多い。そのため、孵化してしばらくの間は、餌をとることがなくても内卵黄を栄養源として生残できる。孵化時点で内卵黄がどの程度残っているか、孵化後にどのくらいの時間で吸収されるのかは、タコの種類により異なる。栄養という観点から、卵黄を内部栄養《ないぶえいよう》、餌を外部栄養《がいぶえいよう》という。孵化後は内部栄養から外部栄養へと移行する過程ということができる。

孵化したタコの幼体《ようたい》には一つの特徴がある。それは、親と同じ姿形をしていることである（図２-１D）。動物の中には、生まれた時の姿形が成体《せいたい》とは異なるものがおり、成長に伴い形が変化していく。これは変態《へんたい》として知られる現象で、多くの海産無脊椎動物、タコが所属する軟体動物の仲間にも広く見られる。例えば、二枚貝は孵化時点ではトロコフォア幼生《ようせい》という、私たちがイメージする貝とは異なる形態を示し、それがベリジャー幼生を経て、稚貝《ちがい》へと変態していく。

これに対して、タコは生まれた時から成体と同じ形態を示す。これは直達発生《ちょくたつはっせい》として知られる。なお、幼生という語は変態する動物に対して用いるので、孵化後のタコについて本書では幼体という言葉を当てている。

タコは変態しないと述べたが、細かく見ると親の形態と違う点もある。例えば、体全体に対する腕の長さである。成体に比べると、孵化したタコの幼体は相対的に腕が短い（図2−1D）。このことは、孵化した幼体の生態とも関係している。

タコは海底を住処とする底生性《ていせいせい》という特性を示す。しかし、生活史の全てを通じて底生性というわけではない。孵化したタコの幼体は海中を漂《ただよ》う浮遊性《ふゆうせい》を示す。つまり、多少なりとも水の動きに身を任せて漂う時間を過ごす。このような動物はプランクトン（浮遊生物）と呼ばれる。プランクトンには植物もいるので、タコの孵化幼体

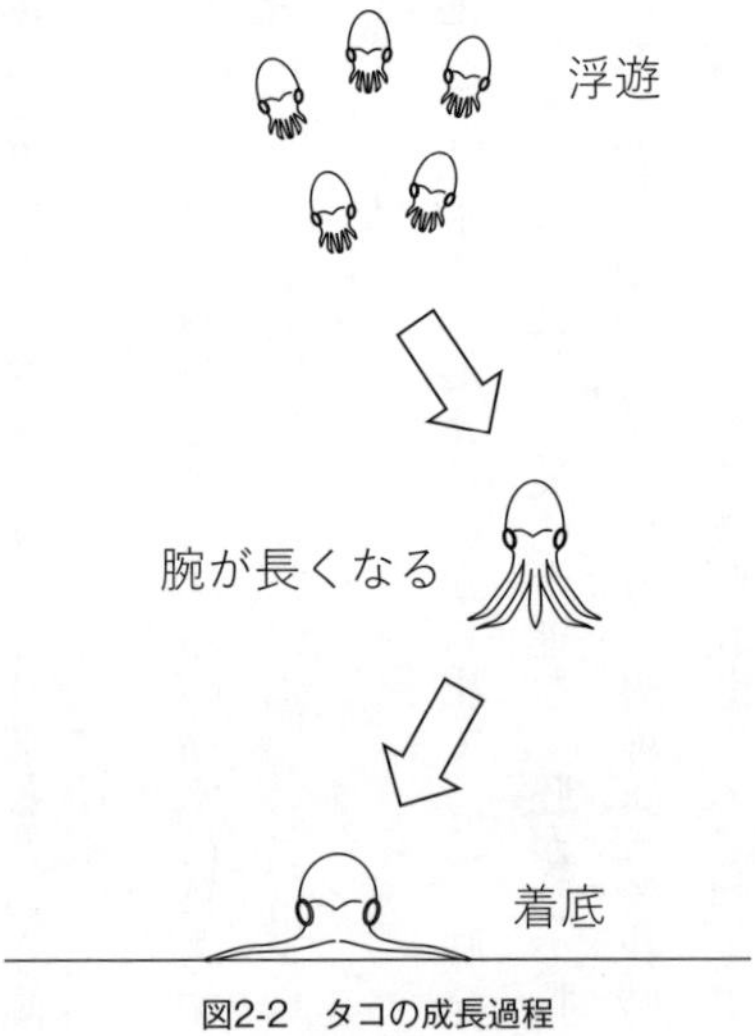

図2-2　タコの成長過程

は動物プランクトンということになる。

腕が相対的に短く、丸みを帯びた外套膜と頭部という出立から、タコの幼体は小さな楕円球体《だえんきゅうたい》のようである。ただ、このままずっと水流に身を任せて浮遊しているわけではない。孵化してから時間が経つに連れ、腕が長くなり成体型の体つきに変わっていき、それとともに海底に降《お》り立つ（図2-2）。これは着底《ちゃくてい》と呼ばれる現象で（沈着《ちんちゃく》ともいう）、浮遊性から底生性への移行である。マダコの場合、孵化後二週間から一ヶ月間の浮遊期間を経て着底する。

タコが孵化後の時期に浮遊する意義は必ずしも明確ではないが、浮遊により生息場所が広く分散することで局所的な食物資源競争が緩和されることや、腕が短く捕獲能力が劣る幼体の時期に水塊（海洋で、物理的、化学的性質が似通った海水の大きなかたまり）を漂う他の動物プランクトンを餌として利用することなどが考えられる。

全ての種類のタコが浮遊期をもつわけではない。中には、孵化してすぐに底生性を示す種もいる。イイダコはその例で

図2-3　カリフォルニアツースポットダコ（カリフォルニアイイダコ；*Octopus bimaculoides*）の孵化個体。（撮影　滋野修一博士）

ある。イイダコは日本沿岸で漁獲されるタコで食用としてポピュラーである。雌の外套腔内の成熟卵が飯粒のように見えることから飯蛸《いいだこ》の和名がついた。本種は成体のサイズがマダコよりも小ぶりであるが、成熟卵のサイズはマダコの長径が2・5ミリほどであるのに対して、イイダコのそれは8ミリほどと大ぶりである。タコの卵子は楕円球体の形をしているので、そのサイズを表すときに楕円の長い方の長さである長径と短い方の長さである短径を用いる。ここでは長径で二種のタコの卵サイズを比較している。

概して、孵化後に底生性を示す種のタコは卵子《らんし》が大型である。卵子が大きいと孵化する子のサイズも大きく、実際にイイダコの孵化個体は外套長が6ミリ近くある。これに対し、孵化後に浮遊期を過ごすマダコの孵化個体の外套長は1・8ミリほどである。イイダコに比べると随分と小さい。

孵化時点から底生性を示すイイダコの孵化個体は、相対的に腕が長く成体の形に似ており、海底を這うという底生性の特徴を孵化時点で備えている。このことは、前章で紹介した皮膚で光を感知することが報じられたカリフォルニアイイダコ（第1章図1-18）にも見ることができる。本種の産出卵の長径は16ミリ〜18ミリであり、孵化個体は腕が長く、既に成体と同じような姿形をしている（図2-3）。こちらも、孵化した時から底生性を示す。

親は小さいが産み出す卵子のサイズが大きいタコは他にもいる。人を死に至らしめる猛毒（フグ毒であるテトロドトキシン）をもち、体表に広がる小さな豹紋柄《ひょうもんがら》が特徴的なヒョウモンダコ（*Hapalochlaena fasciata*）の仲間である。オーストラリアの南部沿岸に生息する *Hapalochlaena maculosa*（和名はない）はヒョウモンダコの近縁種で、産卵される卵子の長径は6ミリ～7ミリ、孵化個体の外套長は3・5ミリ～4ミリほどである。このサイズは前述のマダコと比べるとかなり大きく、イイダコに近い。オーストラリア連邦科学機構のトランター博士とオウガスティン博士が一九七三年に『マリン・バイオロジー』誌に報告したところによると、*Hapalochlaena maculosa* の孵化稚仔は典型的な底生性を示し、水槽内での観察によれば、水槽壁や底面、パイプに張り付くといった行動を示した。必要に応じて泳ぐこともできるが浮遊性は示さない。

他に、ヒョウモンダコに近縁な種としてオオマルモンダコ（*Hapalochlaena lunulata*）がいる（図2-4）。こちらも猛毒をもつ外套長が5センチ未満の小型のタコで、一見するとヒョウモンダコと似ているが、体表にある豹紋模様がヒョウモンダコのものが外套膜上では長楕円形、腕部が円形であるのに対し、オオマルモンダコはいずれも大きな円形の輪模様である点が異なる。親のサイズが小さい点は両種とも似ているが、オオマルモンダコの卵子と孵化個体のサイズはヒョウモンダコやイイダコに比べるといずれも小ぶりで、オオマルモンダコの産卵された卵子の長径は3・5ミリほど、孵化個体の外套長は2・3ミリほどである（図2-4）。この大きさは前述のマダコに近い。

神経科学研究所（ドイツ）のオヴェラート博士とアラゴ研究所（フランス）のボレッツキー博士が一九七四年に『マリン・バイオロジー』誌に報告したところでは、近縁の

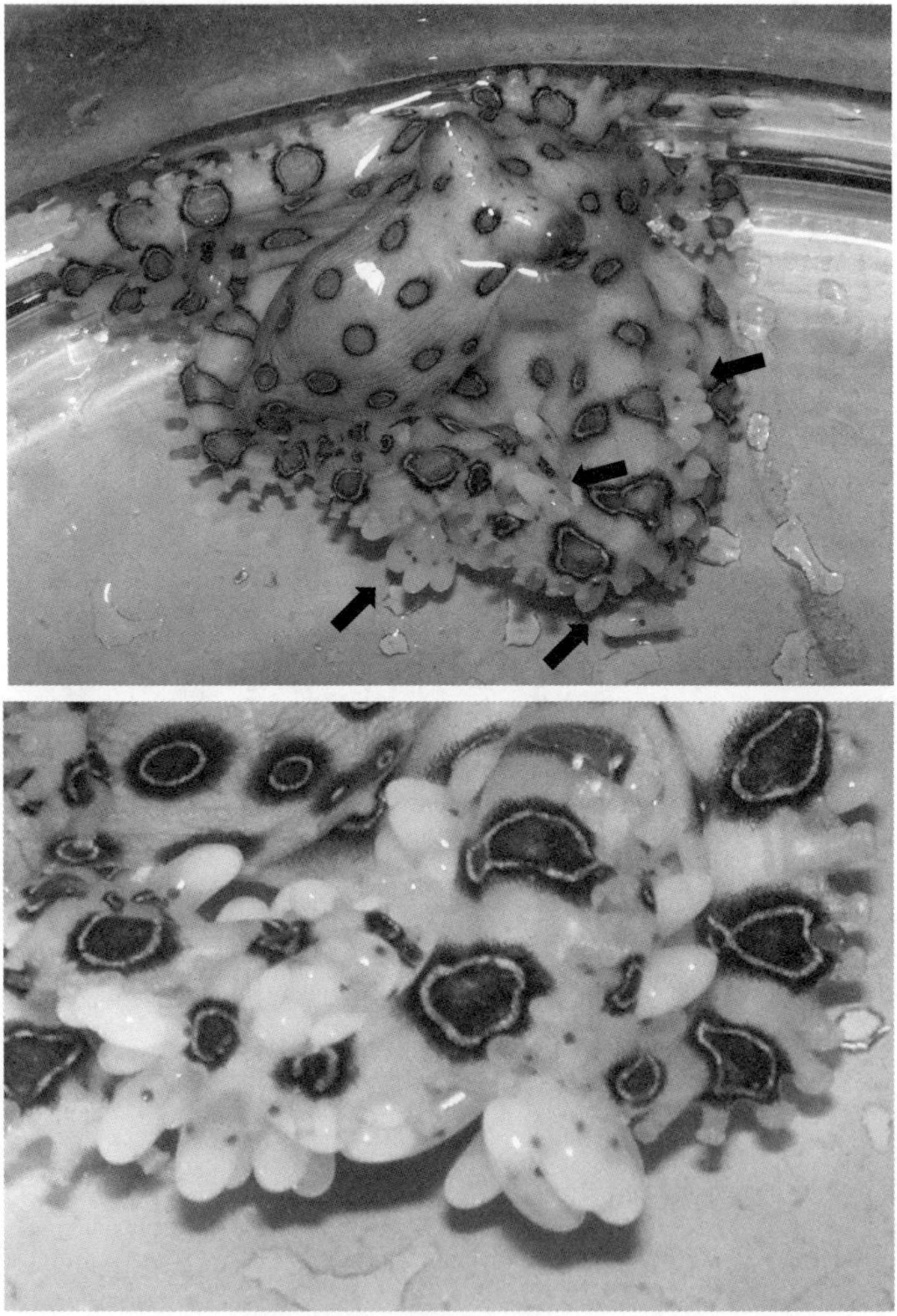

図2-4　オオマルモンダコ。上：腕で産出卵塊（矢印）を抱える雌（胚発生が進み眼が形成されている）、下：発達途上の卵と警告色と考えられるオオマルモンダコの蛍光色の輪模様。（口絵 p.8）

Hapalochlaena maculosa とは異なり、オオマルモンダコの孵化稚仔は底生性ではなく浮遊性を示す。産出卵や孵化個体のサイズの小ささはそれを反映しているように見える。

卵サイズの話からは逸れるが、ヒョウモンダコやオオマルモンダコの体表に広がる豹柄模様、輪模様は警告色と考えられている（図2-4）。警告色というのは、毒針や毒のある体液などをもつ動物が捕食者に対して発するシグナルで、自分を襲って食べると危険であることを伝えている。ヒョウモンダコの仲間は猛毒を持っているので、蛍光色に煌《きらめ》く模様で捕食者に警告を発していると考えられる。このように説明するとこれらのタコが凶暴という印象を与えるかもしれないが、飼育下で観察するとヒョウモンダコの仲間は存外おとなしい。ただ、ピンセットで触るなどしてちょっかいを出すと、体表の模様をキラキラとさせ、憤慨している様をこちらに伝えているように見える。悪さをしなければ平和的なタコなのである。

閑話休題。体の小さなタコだけが大きな卵を生み出すわけではない。成体がマダコと同程度の大きさの *Octopus maya*（和訳するとメキシコヨツメダコ）は、長径が11ミリ～17ミリの卵を生み出す。胚発生に要する日数は45日～65日ほどで、孵化個体は最初から底生性を示す。概して頭足類の飼育は海洋生物の中では難しいとされるが、特に孵化後の初期生活期の飼育が難しい。その中では、最初から底生性の幼体は浮遊性の幼体よりも飼育が比較的容易である。そのため、*Octopus maya* は飼育実験の対象動物や養殖対象種として期待されている。タコの養殖については最終章で改めて紹介する。

卵サイズについては、さらに上には上がいる。深海性のタコである *Graneledone boreopacifica*（和名はない）は大型の卵を産み、そのサイズは孵化間近で長径3・3センチ、短径1・6センチほどである。孵化してくる赤ちゃんも大きく、外套長は2・8センチほどで浮遊性は示さない。このタコについては後に再び触れる。

ここまで、タコの多くが成体は海底を這う底生性、孵化してしばらくの幼体は浮遊性であることを述べた。しかし、タコの中には大人であっても海底を這わず水塊を遊泳する種もいる。ムラサキダコがその例である。本種は日本近海も含めた暖かい海に生息し、深いところから表層近くまで出現例がある。本種は定常的に泳ぐタコであるが、特徴はその外見にある。タコの腕と腕の間には傘膜という構造があることは第1章で紹介したが、ムラサキダコではこの傘膜が非常に発達し、中世ヨーロッパの女性貴族が纏《まと》ったドレスのようである（図2-5）。発達した傘膜には目玉模様がついており、防衛の機能があると考えられている。ただし、このような大きな傘膜をもつのは成体の雌だけである。

ムラサキダコは産卵特性も独特であり、雌は産み出した卵塊を自身の腕で抱え、孵化時まで持ち続ける。水塊を遊泳しているので、先に述べたマダコなど底生性の種のように何かの地物に卵塊を産み付けるということがない。そのため、自分で持っていなければならないということになる。

漁獲対象ではなく、外洋性という行動特性からも遭遇機会の少ないムラサキダコについては必ずしも正確な観察例の蓄積はないが、雌親の腕の中から孵化した本種の稚仔たちは

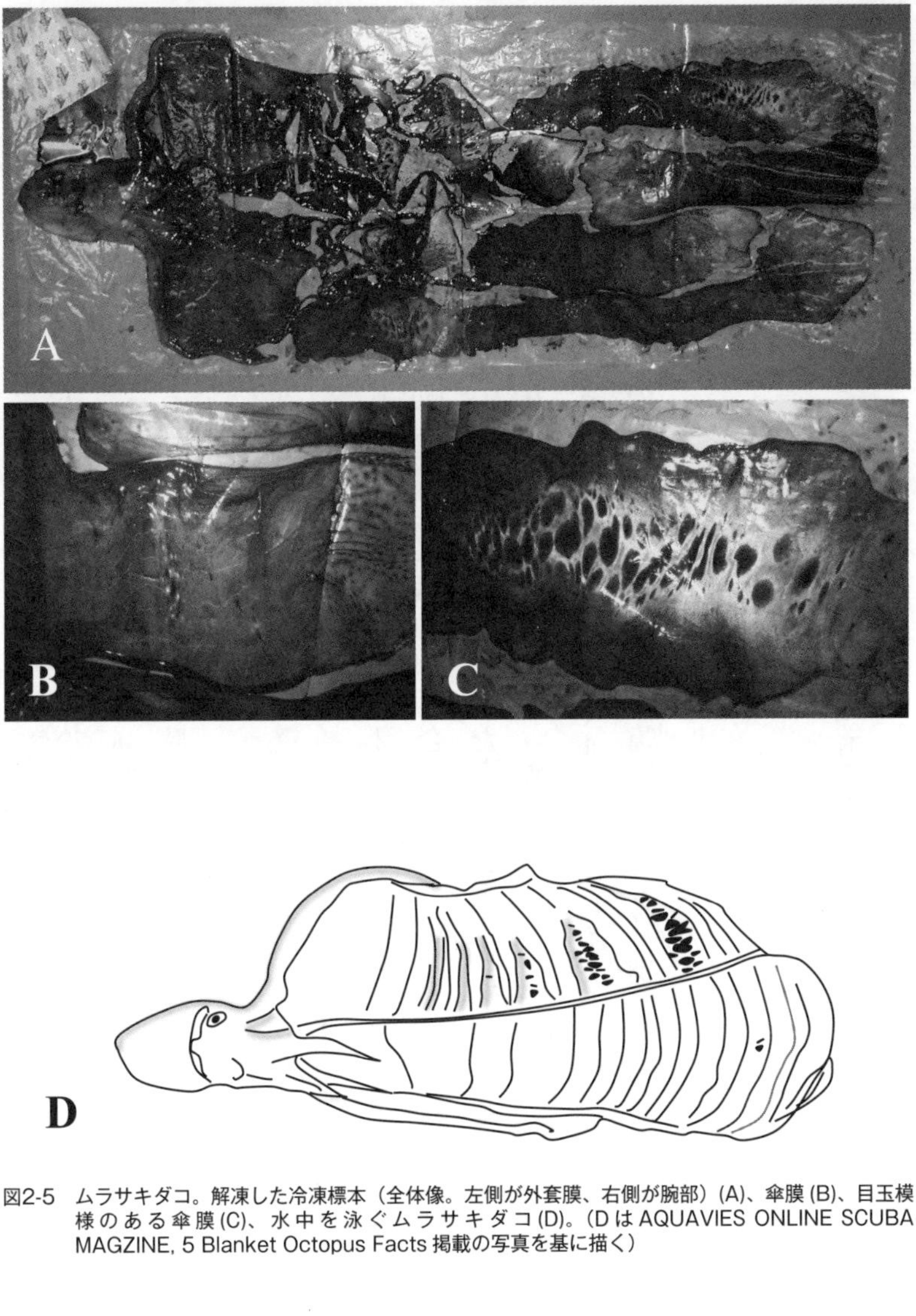

図2-5　ムラサキダコ。解凍した冷凍標本（全体像。左側が外套膜、右側が腕部）(A)、傘膜 (B)、目玉模様のある傘膜 (C)、水中を泳ぐムラサキダコ (D)。(D は AQUAVIES ONLINE SCUBA MAGZINE, 5 Blanket Octopus Facts 掲載の写真を基に描く）

浮遊性を示すようである。ムラサキダコの成熟卵子（産卵される卵）の大きさは長径2・9ミリ、短径1・8ミリと小型で、浮遊性の孵化個体の特性を現している。また、ムラサキダコ稚仔の形態を見ると、腕が相対的に短く、浮遊性の特性をもっている。ただ、ムラサキダコはその後に着底することがないので、孵化時点での浮遊性は後の遊泳性の前段階と言えるだろう。

産卵特性とは違う話だが、ムラサキダコは雌雄ともにカツオノエボシという刺胞動物《しほうどうぶつ》の触手《しょくしゅ》を腕に付着させるという特性がある。カツオノエボシはクラゲの仲間で、海面に浮出した浮き袋の下に触手が水面下へと伸びる。カツオノエボシは毒をもつ危険生物で、触手で刺されると人間の腕も腫《は》れ上がり、死亡する場合もある。ムラサキダコは自身の腕に危険生物を付け、防衛に用いていると考えられる。ただ、体の大きさが70センチを超えるムラサキダコの雌では腕にカツオノエボシは付いていない。

産出した卵を抱えるという特性は既述したオオマルモンダコにも見られる（図2-4）。タコの雌親による産出卵塊の保護行動には種による違い、つまり種間変異《しゅかんへんい》が認められる。

旅

タコは海底を這って暮らすというイメージがある。ここから想像されるのは、限定された生活圏の中で生涯を送るというもの。いわゆる地着《ぢつ》きと呼ばれる生活スタイルで、沿岸を住処とする海洋動物にはこのような生活スタイルをもつものが見受けられる。これと対照的な生活スタイルは成長段階に伴い生活場所を移動するもので、渡り、あるいは回遊《かいゆう》として知られる。こちらも海洋動物には広く見られる特性である。

日本沿岸に暮らすマダコ（第1章図1-17下）には、地着きと渡り両方の生活スタイルが知られている。後者、渡りについては、東北沿岸から関東沿岸へ移動することが古くから認識されていて、マダコの漁獲高のピークが時間を追って南下することから、海を北から南へと移動していると考えられた。東京海洋大学の水口賢哉《みずぐちけんや》博士と資源維持研究所の出月浩夫《いでづきひろお》氏が二〇一六年に『水産振興』に取りまとめたところによれば、東日本沿岸のマダコの生活スタイルは海流の影響を受けて形作られることが浮き彫りになった。以下はその報告に沿った話である。

日本の東岸には北へ向かう黒潮という暖流と、南に向かう親潮という寒流が流れている。これら二つは海の中の大きな川のようなもので、実際に黒潮は古くは黒瀬川と呼ばれた。東日本沿岸では、関東の外房でマダコの産卵が認められる。ここで、外房は黒潮の流路に当たる。つまり、ここが産卵場である（図2-6）。

生まれたてのタコの稚仔《ちし》は遊泳力がなく、水塊を漂う。外房の大原《おおはら》近辺の産卵場から発したタコの稚仔は、黒潮により北へ運ばれる。黒潮は外房を超えて常磐《じょうばん》の塩屋崎《しおやさき》の沖で東に進路を変えるが、黒潮から派生した北上暖流によりさらに北へと運ばれる。この過程で、暖水から生じる西向きの流れ、西流《せいりゅう》の働きにより、浮遊している稚仔は常磐から三陸《さんりく》にかけての沿岸域に分散し、着底するようになる（図2-6左）。

そして、稚仔はそれぞれの地域で成長する。つまり、これらの海域がタコの生育場となる。やがて性成熟が進むと、外房に至って産卵する。このような生活スタイルを示すものが渡りダコである（図2-6左）。

一方で、黒潮の流路は年により変化することが知られている。塩屋崎を離れ、東流《とうりゅう》する年もある（図2-6右）。このような時には、外房沿岸で孵化したマダコの稚仔は北へ運ばれることがなく、外房の天津《あまつ》近辺と黒潮に挟まれる形で動かず、そのまま産卵場に加入し着底する。この場合は、産卵場が生育場ともなり、タコはそこで成長し産卵期を迎える（図2-6右）。このような生活スタイルを示すのが地着きタコである。

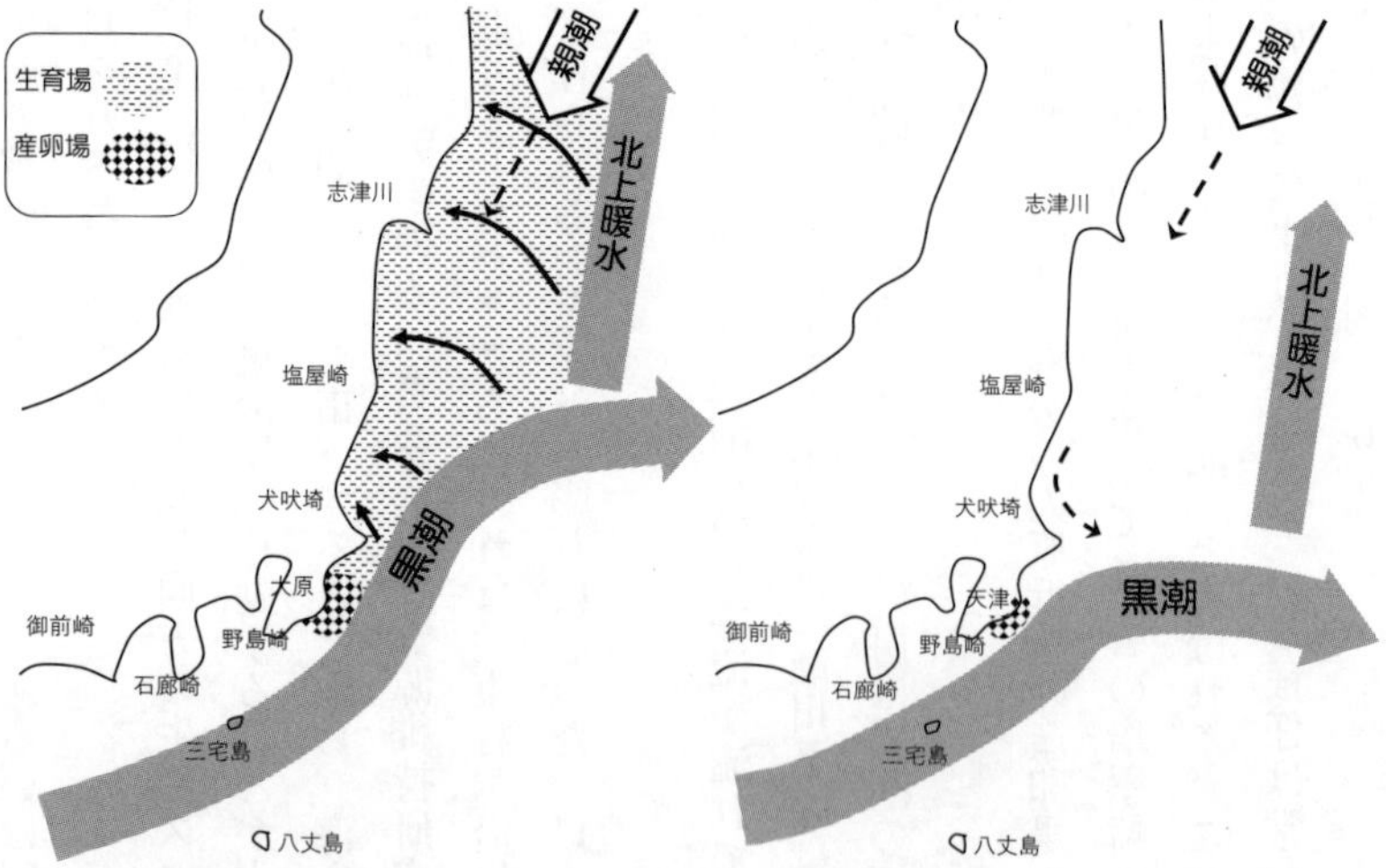

図2-6　タコの渡り。東北から関東にかけてのマダコ渡り群（左）と関東のマダコ地着き群（右）が生じる機構。（水口・出月「マダコの地着きと渡り」水産振興 50(8), 1-110, 2016年の図表 I-13を基に一部改変して描く）

渡りダコは春から初夏に産卵する群、地着きタコは秋に産卵する群であることが知られている。後者の地着き群は、外房南部の天津沿岸に限定されて存在する群で生活圏が狭い。渡りと地着きという現象は、瀬戸内海に生息するマダコにも見られるもので、稚仔の間に浮遊期をもつというタコの特徴が生み出しているとも言える。

海流によるタコの渡りは世界の他の地域にも見ることができる。例えば、スペインとモロッコ沿岸を住処とするチチュウカイマダコがそれで、こちらは深層から湧き上がる湧昇流《ゆうしょうりゅう》に起因する流れにより稚仔が沖合へと運ばれる。

日本のマダコに見る渡りは、いわば産卵に関係した回遊と見ることができるが、似たような行動特性は頭足類の他のグループにも見られる。例えば、日本人がよく食するスルメイカであるが、本種は日本海南西部から東シナ海に至る海域で産卵すると考えられている。考えられているというのは、未だに天然から本種の卵塊が見つかっていないからで、稚仔や成熟個体の出現場所などから推定されている。

孵化したてのスルメイカは、これまでに述べたタコと似ており微小な体で遊泳力がなく、水塊を浮遊する。そして、黒潮、あるいは日本海を流れる対馬暖流《つしまだんりゅう》によって北へ運ばれる。行き着く先は北海道、オホーツクである。これは北上回遊、または索餌《さくじ》回遊と言われるが、この間にスルメイカは成長する。そして、今度は一転して南下に転じ、自身の遊泳力で往路を戻り産卵海域に至り産卵する。こちらは南下回遊、または産卵回遊と言われる。

スルメイカは日本列島に沿うように大回遊するという、かなりスケールの大きな渡りだが、マダコの場合も稚仔の時期に海流で北へ運ばれ、大人になると自身で南へと移動し産卵する。外房と東北の間ではあるが、成長と産卵を伴う南北間の移動という点ではスルメイカの回遊によく似ている。

渡りについて興味深いところでは、津軽海峡《つがるかいきょう》を渡る大ダコがいる。これは先に触れた世界最大のタコ、ミズダコで、本種は日本周辺では北海道から東北沿岸に生息している（図2-7）。

青森県水産総合研究センターの野呂恭成《のろきょうせい》博士らの長期にわたる標識再捕《ひょうしきさいほ》試験により、ミズダコの成体は津軽海峡を青森から北海道へ、逆に北海道から青森へと渡ることが明らかとなった。標識再捕試験は、対象の動物を捕獲して標識を付けてリリースし、それを再び捕獲して、リリースから再捕獲までの時間、位置から、対象動物の移動を探る手法であり、水産資源学分野でよく用いられる。

図2-7　ミズダコ（撮影　川島菫博士）。

なお、渡りをする個体は調査を行ったミズダコ集団の中の一部であった。つまり、津軽海峡を渡ることなく一ヶ所に留まる個体もいる。なぜ、一部の個体が津軽海峡という、潮《しお》の流れが早い海峡を渡るのかはよくわかっていない。同じ種でも、遠くへ移動する者が出現するのは私たちヒトにも存在する種内の多様性を見るようで興味深い。

渡りとは違う話だが、体が大きなタコということではミズダコに次いでカンテンダコがいる（図２-８）。これは名前の通り寒天《かんてん》のような柔らかいゼラチン状の体をしたタコで、深いところでは水深３０００メートルを超える深海から、浅いところでは水深１００メートルほどの浅海で採集される。昼間は深いところで、夜間は浅いところで採集されることから、日周鉛直《にっしゅうえんちょく》移動をしているとの解釈もある。

カンテンダコの雌の外套長は70センチほどになり、腕の先まで含めた全長では4メートルほどに達する。一方、雄は雌に比べるとはるかに小型で、外套長で10センチほど、全長も20センチ強である。大西洋、インド洋、太平洋の広い範囲に分布している。

ミズダコの移動については、北東太平洋に位置する米国のアラスカ近海でも調べられている。アラスカ太平洋大学のデイビッド・シール博士らは、バイオロギングの手法を用いてミズダコの行動を長期にわたり追跡した。バイオロギングは対象とする生物に機器を装着し、これをもとに個体の行動を探るという手法である。シール博士らが用いた方法は、超音波発信器をミズダコに装着して、その位置を割り出すという方法である。他にも、計測器を生物に装着して後から回収し、計測器に記録されたデータから水温や照度《しょうど》など個体が経験した環境要因を調べるという方法もある。いずれの場合も、対象とする動物に負荷がかからないように装置を取り付けることが必要で、そのような装置の開発と素早い装着が求められる手法である。

シール博士らが対象としたのは、体重が15キロ未満の若齢《じゃくれい》のミズダコで、水中重量が2・2グラム〜16グラムの発信器を取り付けた。アラスカ中部のグリーン島近くの海が調査海域で、一九九六年から二〇〇九年にかけて調査が実施された。この方法を使うと、タコがどのような動きをするのか、その詳細を明らかにすることができる。

調査の結果、ミズダコの行動は「同じ場所に留まる」と「動く」の二つに大別された。このうち、「動く」、つまり移動のパターンは次の三種のものが見られた。一つは、いずれかの方向に向かって進むもの。もう一つは、

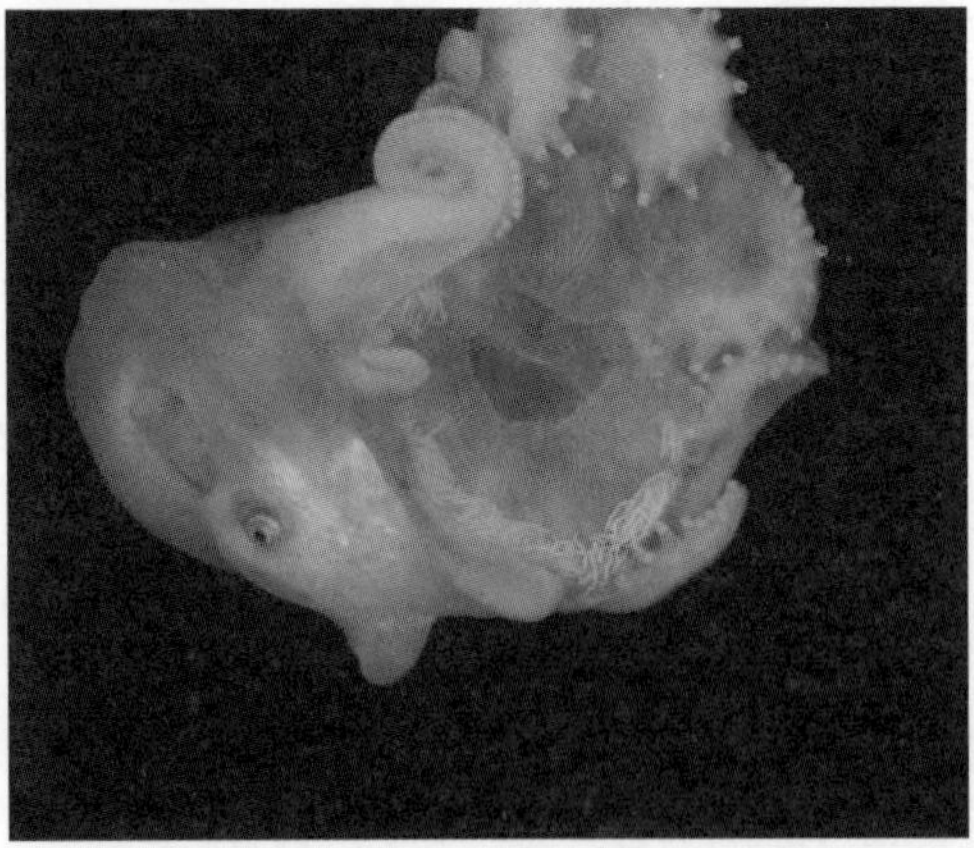

図2-8　カンテンダコ（腕にクラゲを抱えている）
（Hoving & Haddock (2017) Scientific Reports 7:44952より転載）

20メートル以内の範囲で出発点に再び戻ってくる中心指向性《ちゅうしんしこうせい》のもの。そしてさらに、これら二つのパターンに当てはまらないような動きで、一箇所に留まらないもの。

図2-9は、発信器からのデータを受信器で受けて、刻一刻《こくいっこく》と変わるミズダコの位置を描いたものであるが、いずれかの方向に向かう動きは明瞭な移動として見ることができる。また、中心指向性の移動は、巣に戻る行動を反映したものと考えられる。この調査で見られた最長の移動距離は4・8キロで、発信器を装着した体重16・5キロの雌が6月から8月終わりにかけて示した動きであった。また、一日の時間帯で見ると、夜中から朝方5時にかけて活動のピークが見られた。これは、

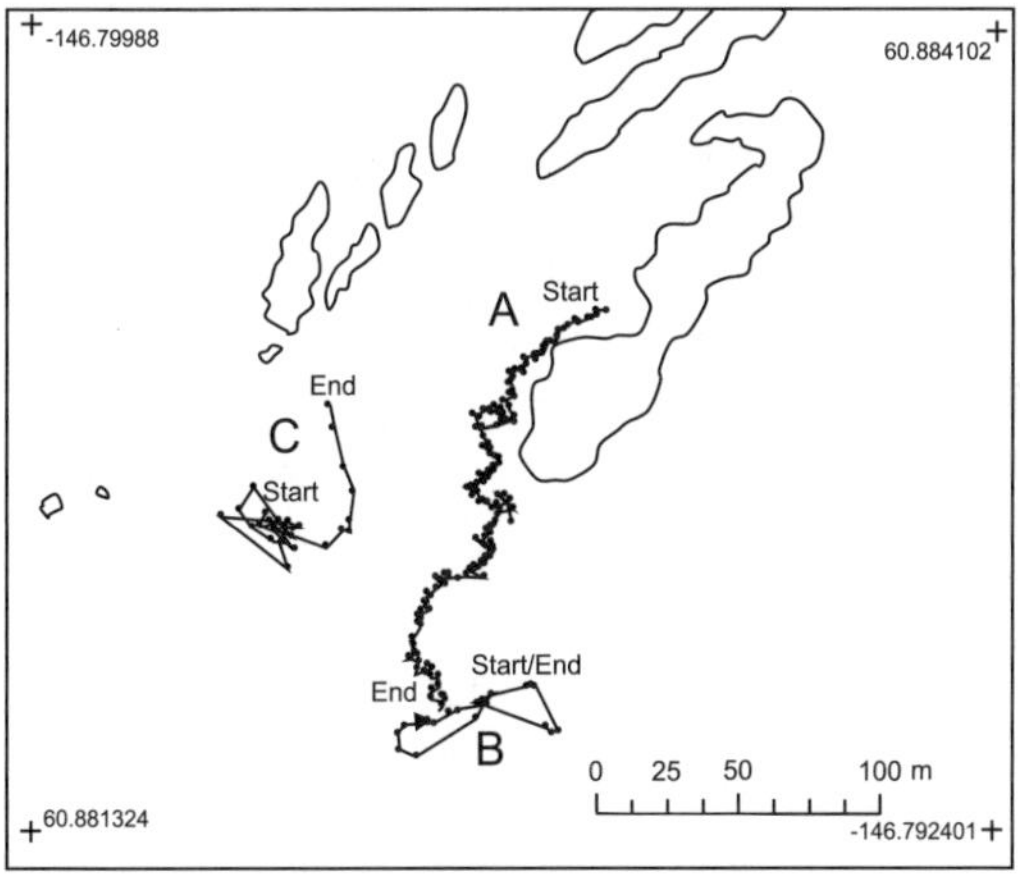

図2-9　米国アラスカ州中部のグリーン島近くの海域でミズダコに超音波発信器を装着して得られたタコの行動パターン。A：何かの方向への動き、B：中心指向性の動き、C：A, Bに当てはまらず、かつ一箇所に留まるのではない動き。図中の黒丸は発信器で特定されたその時々のミズダコの位置、直線はそれらを結んだもの。Startは出発点、Endは到達点。四隅の数字は緯度経度を表す。（Scheel & Bisson, Journal of Experimental Marine Biology and Ecology 416-417 (2012) 21-31を基に描く）

陽が昇る時間帯と陽が沈む時間帯である薄明薄暮期《はくめいはくぼき》に相当する。この時間帯に活動が活発になる現象は、ミズダコの他にマダコやワモンダコなどでも見られる。また、同じ場所に留まる行動は、日中に多く見られた。さらに、ミズダコの行動圏は小型の個体で4300㎡、大型の個体で5万㎡と見積もられた。

本節では渡りという行動特性をタコの生活として紹介したが、実のところ、孵化してから産卵に至るまでの間、タコがどこでどのような生活を送っているのか、その生態については謎が多い。それはタコの生活史ではかなりの期間を占めるが、その実態が詳細に観察され、報じられた種はほとんどない。これは水圏という、私たちヒトが暮らす環境とは大きく異なる場所で展開される出来事ゆえでもあるが、今一つはタコの行動を追跡する難しさにも起因している。タコは隠蔽《いんぺい》の達人であり、精緻《せいち》なヒトの眼をもってしても、いや、ヒトの眼が精緻であるからこそ、海中でその姿を見つけ出すのが難しいとも言える。若齢期から亜成体期《あせいたいき》、そして成体期に至る中でタコがどのような時間を過ごすのかは、今も探求が進められる課題である。

食膳

これも全容はわからないことが多いが、タコが何をどのように食べているのか、その食性《しょくせい》についてはは情報が蓄積されている。一方、よくわからないのは浮遊期の稚仔の食性である。タコの浮遊幼体は遊泳力が乏しいことと腕が相対的に短いことから、水塊中を漂う動物性プランクトンを捕食していると考えられる。

動物の食性を明らかにする直截《ちょくせつ》な方法は、胃の中身を調べること（胃内容物調査）である。これは水産学分野ではよく行われる手法で、私が大学院生時代を過ごした研究室でも、北太平洋から採集された魚類や海鳥の胃を割《さ》いて、その中身をひたすら調べている学生がいた。時に、実体顕微鏡の下で胃の中にある食物を同定《どうてい》する。それらはたいてい、魚類や頭足類といった動物であるが、それを属や種のレベルまで絞り込むのは大変な作業である。これがタコの浮遊幼体となると、そもそものサイズが小さいだけに胃の中身にあるものはさらに小さい。加えて、前章で紹介したようにタコは顎板と歯舌で食べ物を粉砕しているので、胃内容物は餌となった動物のごく一部である。また、浮遊しているタコの稚仔を採集するにはプランクトンネットなど特殊な採集器具が必要だが、採集物からタコを選《え》りすぐることがまず必要になる。このような研究上のディスアドバンテージ（不利な条件）もあり、タコ稚仔の胃内容物を精査した研究例は多くない。

これに対して、養殖を企図《きと》して浮遊期のマダコを飼育した研究では、タコ稚仔は甲殻類の幼生を嗜好し、捕食することが観察されている。これは既に一九六〇年代に兵庫県水産試験場で行われた研究であるが、このような飼育下での観察からして、天然でも水塊中に浮遊する動物プランクトンを捕食していると思われる。タコの養殖については最終章で再び取り上げる。

一方、着底してから後のタコの餌生物は多様で、甲殻類の他に貝類、魚類など広範《こうはん》な動物群を捕食している。特に貝類は好物のようで、硬く閉じた二枚貝の殻を吸盤でこじ開ける。また、アワビのような腹足類《ふくそくるい》の貝が岩に張り付いているような場合、貝殻を穿孔《せんこう》し、唾液腺《だえきせん》から麻痺性《まひせい》の液を貝に注入してアワビを麻痺させ、岩から剥《は》がして食べるといった行動も見られる。このような場合、貝殻に穿孔痕《せんこうこん》が残るのでそれとわかる。貝殻の穿孔には顎板と歯舌が関与し、二時間未満で穴を開ける。貝殻はかなり強固に見えるが、それに穴を開けるとは驚きである。マダコがアワビを捕食し、その量が多くなるとマダコによる食害ということになる。その点では、タコは漁業者にとって厄介な存在ということになる。

タコの捕食のやり方として、岩陰に身を潜めて餌生物が近づくのを待つという、待ち伏せ型の捕食もあるが、自身から餌を探しに行く索餌行動も見られる。タコは海底の穴などを巣とし、巣から出て餌を探しに行き、再び巣に戻るという行動を行う。往路では色々と動き回って餌を探すが、復路は一直線の最短距離で巣に戻るので、タコは海中の景観などを目印として認識していると考えられる。これはタコの学習能力の高さ、外界の認識能力の高さを示している。

少し信じ難いような捕食も報告されている。海鳥を食べるのである。カナダのブリティッシュコンロンビア州ビクトリア沿岸での観察例であるが、ミズダコがワシカモメを捕獲し、水中に引きずり込んで捕食する様が、二〇一四年の『アメリカン・マラコロジカル・ブレティン』誌に、シアトル水族館（米国）のロナルド・アンダーソン博士と米国のロナルド・シメック博士により報告されている（図2-10）。同じく、ミズダコによるクビナガカイツブリの捕食も観察されている。時に、ミズダコはワシと格闘して引き分けに終わることもある。本当にそんなことがあるのかと思ってしまうが、沿岸の岩場に飛来した海鳥であっても、大ダコであるミズダコであれば8本の腕で絡めとって海中に引きずり込むことは容易であろう。それだけタコの腕力は強靭《きょうじん》である。言ってみれば、大蛇《だいじゃ》に締め付けられるようなものだろう。論文に報じられた写真を見ると、捕食されているワシカモメが痛ましく感じられる。

そもそも鳥の肉がタコの餌というイメージはないかもしれないが、米国シアトル水族館での飼育記録によればミズダコは鶏肉《けいにく》を食べる。前掲の、私が出演したNHKの『又吉直樹のヘウレーカ！』という番組の中で、又吉氏が水槽内のマダコに餌をあげるというシーンがあった。これは、東京の活魚屋《かつぎょや》さんが飼育しておられたマダコで、このタコに鶏肉をあげたのである。件《くだん》の活魚屋さんによれば、マダコは鶏肉が大好物と

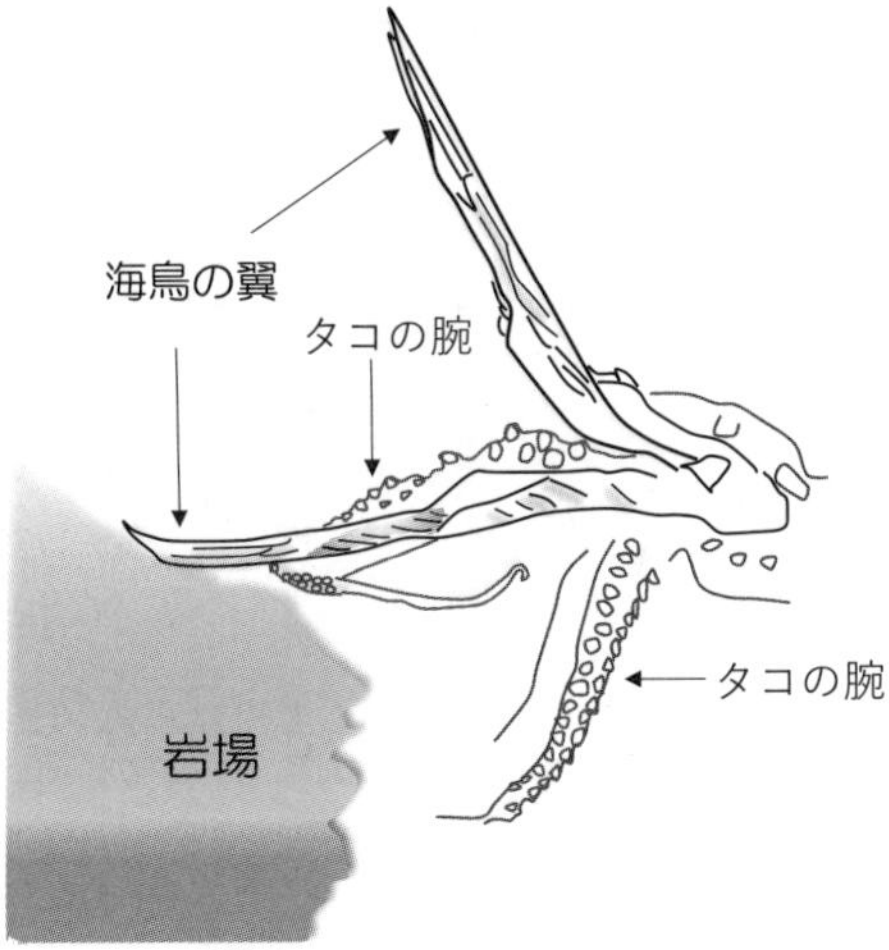

図2-10　ワシカモメを捕食するミズダコ。海面を上から見たところ。R. C. (Anderson & R. L. Shimek, Amer. Malac. Bull. 32(2), 220-222, 2014を基に描く）

のことであったが、確かに又吉氏も驚くほどの強い力で鶏肉を捕捉して食べていた。海底にじっと身を潜める一方で、空飛ぶ鳥をも襲うような獰猛《どうもう》な一面があるのだ。

タコの獰猛さを思わせる動画が二〇二一年に YouTube にアップされた。オーストラリア沿岸で、タコを撮影していた男性が襲われたのだ。水中で被写体となっていたタコが、なぜか男性を追尾《ついび》し始め、砂浜まで追いかけてきた。男性はタコに腕ではたかれたそうで、首筋がミミズ腫れになっていた。YouTube の映像では、タコは水面から体を露出し、ビシッと腕を打ち振ってなおも男性を叩こうとしていた。何が原因かはわからないが、明らかに憤慨しているように見える。砂地の浅瀬にまで迫るタコは、シャチが鰭脚類《ききゃくるい》のオタリアを浅瀬にまで追尾して大きな口を開けて捕食する様を彷彿《ほうふつ》とさせた。

このYouTube 映像が流れたとき、テレビ局から私に問い合わせがあった。それは、「今日の夕方のニュースでこの映像を取り上げようと思うが、解説してほしい」というものであった。映像だけではタコの種名などはわからなかったが、異種であり自身よりも大きなヒトを、水から出てまで執拗《しつよう》に攻撃しようとする行動は珍しく、また不可解なものであった。海底にある巣の周りの縄張《なわば》りを見知らぬものが犯したことに腹をたてのだろうか。

このYouTube 映像は、理由は定かではないが、時にタコはアグレッシブになり、その腕のスナップは強靭なものであることを見せつけた事例といえる。海鳥がミズダコの餌食になってしまうのもうなずけるというものだ。

逢瀬《おうせ》

タコの生活史で最後に位置しているのが繁殖期である。タコの性は個々に分かれており雌雄同体《しゅうどうたい》という状態は存在しない。それぞれの個体は雄か雌のいずれかである。雌雄はそれぞれに性的に成熟し、繁殖期に入る。性的に成熟するとは、雄では精子を作り、雌では成熟卵子を作ることを意味する。このような状態の個体が成体であり、それは生活史の最後に出現することになる。

前節で既に少し触れたが、繁殖期ではじめに行われることは交接である。他の動物で言うところの交尾であるが、タコ、そしてイカでは雄から雌への精子の受け渡しは交接という。頭足類では、精子は精液《せいえき》という媒体《ばいたい》により雄の生殖器官である陰茎《いんけい》を介して雌の生殖器官に送られるのではなく、精莢《せいきょう》（精包《せいほう》ともいう）という形で陰茎を介さずに雌に送られるからである。精莢は無数の精子、つまり精子塊を内包した細長いカプセルで、このカプセルが雌に渡されるのである（図2-11上）。

精莢というカプセルにはバネ仕掛けが施されており、何かに当たるとカプセルが炸裂《さくれつ》し中の精子塊が外に出るようになっている。つまり、雌には精子だけが渡されることになる。このような生殖形態はイカも同じで、頭足類は雄が精子を容《い》れ物に高密度で納め、それを雌に渡すことで受精率を高める工夫をしているといえる。このような戦略を頭足類がとるのは、短い寿命の最後に位置する繁殖の機会をより確実なものとするためと考えることができるだろう。

なお、雌に渡す前に精莢が炸裂すると困るので、渡す側の雄にも工夫が施されている。雄は精莢を腕で雌に渡す。雄の雄性《ゆうせい》生殖器官は精子を生産する精巣《せいそう》、できた精子を運ぶ輸精管《ゆせいかん》、運ばれてきた精子を精莢へと加工する精莢器官、そして精莢を貯留しておく陰茎から構成されるが、交接に際しては陰茎から精莢が放出され、それを雄が腕で雌に渡す。

この腕に工夫がある。精莢を渡す雄の腕は特殊化しているのである。それは先端部に吸盤がない形で、交接腕《こうせつわん》と呼ばれる(図2−11下)。雄の8本の腕のうちの1本が交接腕になっており、左右のどの腕が交接腕であるかは種により異なる。

雄は交接に際し、交接腕を雌の外套腔に挿入して精莢を渡す(図2−12)。雌の外套腔には雌性《しせい》生殖器官が位置しており、卵子を生産する卵巣、産卵の時に成熟卵が通過する輸卵管《ゆらんかん》、卵の鞘部分を作る輸卵管腺《ゆらんかんせん》から構成される。このうち、交接を経た精子は輸卵管腺に貯留される。輸卵管腺はその名の通り腺組織からなる球状器官だが、内部に管《くだ》が複

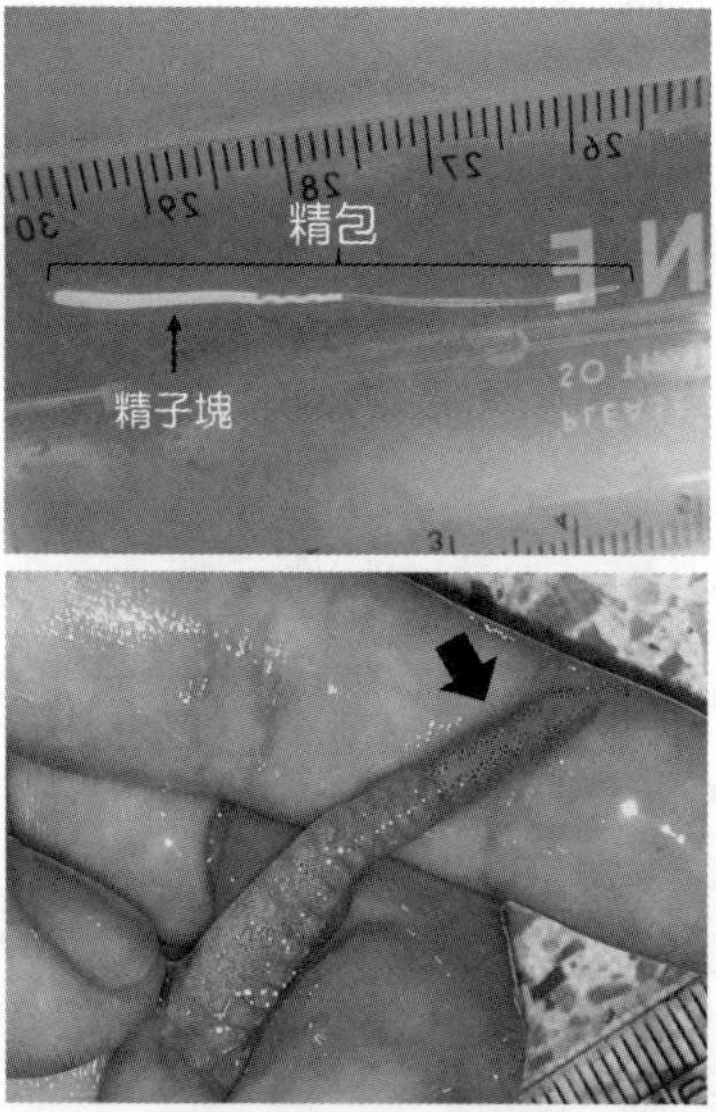

図2-11　タコの交接。上：タコの精莢（精包）、下：タコの交接腕。交接腕の先端部は特殊化しており吸盤がない（矢印）（写真はヒラオリダコ）。

数あり、精子はその管に産卵まで貯留される。つまり、交接が済めば産卵を行うにあたり雌にとって雄は必ずしも必要ではない。産卵は雌が単独で行えるのである。これは、例えば多くの硬骨魚類に見られるように、産卵時に雌が放卵《ほうらん》して雄が放精《ほうせい》するという繁殖形態を示す動物とは異なっている。こちらの場合、雄にすれば自身の精子が次世代の誕生に確実に寄与していることが居ながらにして分かる。

一方、交接という繁殖形態では、自身の精子が最終的に受精に与《あずか》るかは交接の時点で雄にはわからない。自分以外の雄が自分の交接した雌と後に交接する可能性もあるからだ。実際に、そのようなことは起こるし、極端な場合は、1尾の雌に複数の雄が同時に交接を仕掛けるということも起こり得る。後者の例は、チチュウカイマダコで観察されており、海洋生物研究所（米国）のロジャー・ハンロン博士とシェフィールド大学（英国）のジョン・メッセンジャー博士が著した『セファロポッド・ビヘイビア（頭足類の行動）』という本の中に、一尾の雌の外套腔に6尾の雄が交接腕を挿入する絵が描かれている。

このように、タコの場合、雄の立場から見れば他者との間で精子間競争が生じているといえる。このような競争は同性内性淘汰《どうせいないせいとうた》を引き起こす。つまり、同種の雄同士の間で雌を巡る競争が生じ、それに勝つための行動が進化するのである。そのような例と考えられるのが、他の雄が雌に渡した精子を除去する行動である。タコで実際にそのような除去行動は明確には観察されていないが、それを示唆するようなものとして、特徴的な交接腕の存在が挙げられる。

Bathypolypus arcticus（和名はない）という深海性の小型のタコは、雄の交接腕先端（交接腕として特殊化した部分）がひときわ大きく、大相撲の立行司《たてぎょうじ》が手にする軍配《ぐんばい》のような形をしている。その先端は鋭利《えいり》に尖っているが、おそらく、前に交接した他の雄の精子をこれで掻《か》き出すのではないかと考えられる。

前に紹介したムラサキダコ（図2-5）は、明確な性的二型を示し、雌は2メートルにもなるのに対して雄は24センチほどと小型である。本種の雄は非常に大きな交接腕をもち、交接の際には精莢をもった交接腕を切り離して雌に渡す。雄は交接の直後に死亡する。1尾の雌から複数の交接腕が見つかるので、雌は複数の雄と交接している。つまり、精子間競争が生じていると言える。ちなみに、雄は小さな身体に不釣り合いにとても大きな眼をもっており、これは外洋で雌を見つけるため

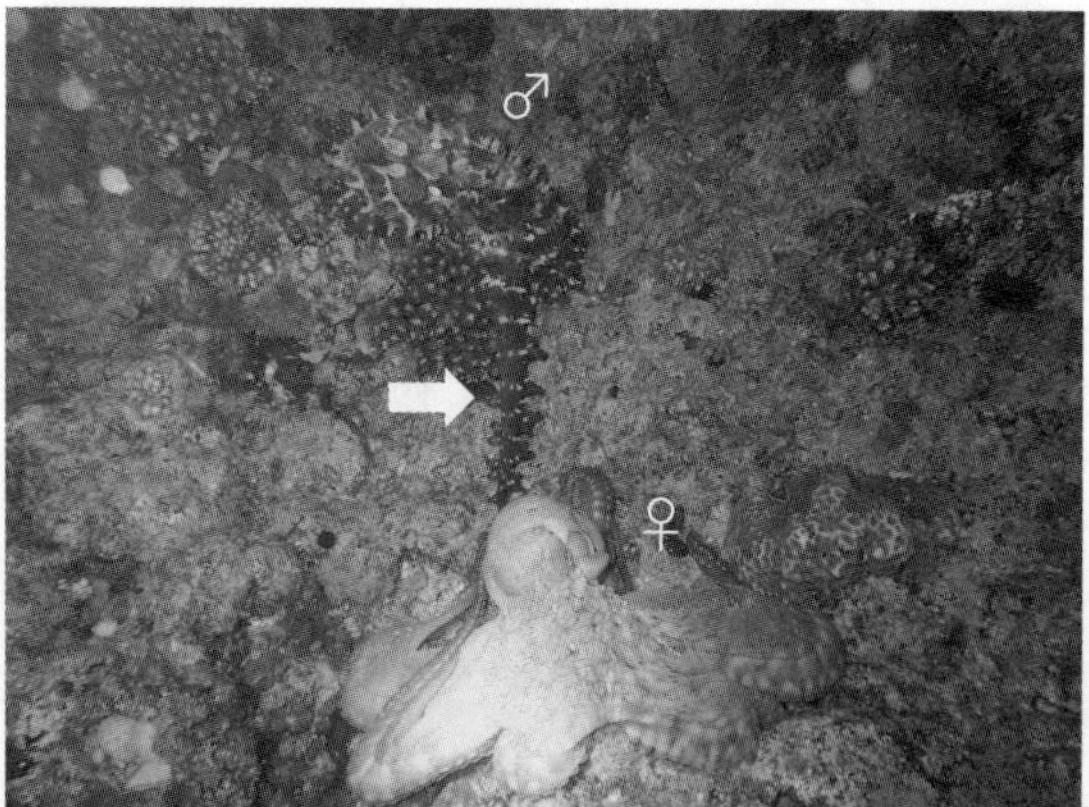

図2-12　タコの交接行動。雄（♂）が雌（♀）の外套腔に交接腕（矢印）を挿入している。写真はワモンダコ（撮影　網田全氏）。

に発達したのではないかと考えられている。ムラサキダコに見る雄の小さなサイズというのは、成長にかける時間を短縮し、早く性成熟して雌と交接するために発達したとの考えがある。一方の雌は、体サイズが大きいので成長するまでに時間がかかるが、その代わり多くの卵を産出することができる。

ムラサキダコは遭遇機会が非常に低い種である。殊に、ムラサキダコの雄については、網《あみ》にかかった雄がいずれも死亡した状態で見つかっていた。ビクトリア博物館（オーストラリア）のマイク・ノーマン博士らは、グレートバリアリーフ北側での夜間潜水調査により、生きた状態のムラサキダコの雄を観察することに成功し、その成果を二〇〇二年の『ニュージーランド・ジャーナル・オブ・マリン・アンド・フレッシュウォーター・リサーチ』誌に報告した。

雌に比べて極端に小さなサイズの雄は矮雄《わいゆう》と呼ばれ、魚類のアンコウに見ることができる。アンコウの矮雄は雌の体に癒着《ゆちゃく》し、寄生《きせい》しているような形になる。また、既に紹介したように、ムラサキダコでは交接の際に矮雄が精莢を交接腕ごと雌に渡す。自身の精子を確実に雌の体に残す戦略なのだろう。

深海に暮らす *Bathypolypus arcticus* にしろ、水塊に暮らすムラサキダコにしろ、雄にとって雌との遭遇は決して高い頻度で訪れるものではないだろう。それならば、一度の交接をその後の産卵、受精に繋がるものとするためには、相応の工夫を凝らす必要があると考えられる。ここで紹介したこれらタコの話は、そのことを雄弁に物語っているように思う。

同性内性淘汰と思われる戦略が別の形で現れるタコもいる。英名がLarger Pacific Striped Octopus（太平洋縞タコ）で、またの名をHarlequin octopus（道化師ダコ）という熱帯性のタコについて、その特異な繁殖行動が米国カリフォルニア大学バークレー校のロイ・コールドウェル博士らの飼育下で観察され、二〇一五年に『プロス・ワン』誌に報告された。

それによると、交接に際して雌雄は口の部分を中心に腕と腕を接着させる。ヒトでいえば接吻《せっぷん》をしているような格好である。このような姿勢を保ちつつ、雄は交接腕を雌の外套腔に挿入する。雌雄が密着した形になっているわけだが、このようにすることで他の雄が雌に交接を仕掛けることを防いでいると考えられる。この交接行動には変異もあり、雌と少しだけ離れた状態で交接腕を挿入するという場合もある。いずれの場合でも、図2-12に示したワモンダコよりは雌雄が近接している。このように、雄が自身の精子を確実に受精に至らせる戦略はタコの種により異なっている。

産む

交接に続くイベントは雌による産卵であるが、本章の最初で紹介したように、産卵を終えた雌は自身が産出した卵塊（海藤花）を抱き、世話をする。具体的には、卵表面に付着するゴミを腕で取り除いたり、漏斗から海水を吹きかけて新鮮な酸素を供給したりといったことを行う。このような甲斐甲斐しい世話を胚発生の期間、胚が卵から孵化するまで行い、我が子の孵化を見届けてから雌は死亡する。生活史の最後の力を次世代の旅立ちの準備に費やすのである。

雌による卵塊の世話は卵を外敵の捕食から守るという、保護の意味もある。胚発生期間は種により異なるが、おおよそ１ヶ月〜３ヶ月ほどである。これはそれなりに長い期間だと思われるが、中にはもっと長い期間にわたり、卵の保護を行う種がいる。前掲の *Graneledone boreopacifica* である。

米国のモントレー湾水族館研究所のブルース・ロビソン博士らは、ＲＯＶ（remote operating vehicle）という無人潜水探査機を用いて、米国西岸モントレー湾の深海１３９７メートルの岩壁で、*Graneledone boreopacifica* の雌が卵塊を保護している様子を撮影した。しばらくして、同じ場所を再訪すると同じ雌が引き続き卵塊を抱いている様子が観察された。これが同じ雌だというのは、その個体の傘膜についていた独特の傷跡から判断できた。このようにして調査を継続したところ、この雌タコは二〇〇七年５月から二〇一一年９月までの実に53ヶ月間、卵を保護していた。４年半もの間、同じ場所で卵の世話をし続けていたのだ。換言すれば、胚発生にそれだけの時間を要したということである。これは、知られている限り、動物の中でも最長の卵保護期間である。この卵保護が観察された水深の水温は２・８℃〜３・４℃と低く、この低い水温のために胚発生もゆっくりと進み、時間を要したと考えられる。また、卵を保護する雌の代謝も低く抑えられ、このような長期間を生き延びたと考えられる。

実は、頭足類の寿命はおおよそ1年、長くて2年ほどと短いものが多い。タコやイカは短命なのだ。*Graneledone boreopacifica* はこの点からも例外的な存在である。いや、深海という環境では、むしろタコやイカは長く生きているのかもしれない。深海は未知のフロンティアで、浅海域で見られる常識が通用しないことが多くある。

なお、深海性のタコについては二〇一六年2月27日に米国海洋大気局（略称はＮＯＡＡ《ノア》。旧約聖書に登場する世界の動物を収容したノアの箱舟をイメージさせる）の調査チームが、ハワイ沖の水深４２９０メートルの海底で、それまで見られたことがなく、いずれの属にも入らない無鰭亜目のタコに遭遇し、その生きた姿を映像に収めた。

このタコは全身が薄い紫がかかった白色で、体色変化を醸し出す色素胞が見られなかった。いわば白く丸みを帯びた生物で、「ゴーストのようなタコ」と報じられた。

一九八四年に公開されたアメリカ映画『ゴーストバスターズ』は、ニューヨークに出没する幽霊の退治《たいじ》を請け負う男性４人組を描いたコメディであるが、彼らが作った会社がゴーストバスターズである。その会社のロゴは、白く丸々と太ったユーモラスな出立のオバケをモチーフにしているが、ハワイ沖で見つかった深海性のタコはまさにゴーストバスターズ社のロゴに描かれた可愛らしいオバケのようにも見える（本種の動画はＮＯＡＡの公式サイトで公開されている https://oceanexplorer.noaa.gov/okeanos/explorations/ex1603/logs/mar2/mar2.html）。

水深４０００メートルを超える深海は光の届かない暗黒の世界で、海洋学的には無光層《むこうそう》と呼ばれる領域である。頭足類の体色は多様で時に艶《あで》やかでさえあるが、光の届かない深海ではそもそも体色を視認することはできないだろう。そのようなところでは、体色を醸し出す色素胞は退化したか、あるいは頭足類の起源が深海にあるとするならば、太古の頭足類は色素胞をもたず（つまりは艶やかな体色はなく）、それがそのまま現在まで変わらないということなのかもしれない。タコを通じてみても、深海は今もってミステリアスな領域といえる。

ところで、寿命がおよそ1年という単年性《たんねんせい》の生物であるタコは何回産卵するのだろうか。定説としては、タコ、イカの産卵は短い生涯に1回とされてきた。ただ、例外的に1尾の雌が何回か産卵をする多回産卵型のタコが報告された。前掲の太平洋縞タコである。太平洋縞タコをカリブ海で採集し、飼育観察したスミソニアン熱帯研究所（パナマ）のアラディオ・ロダニーチェ氏は、本種の雌が6ヶ月ほどの間に4回産卵し、このうちの3回で受精卵が認められたこと、1回の産卵後に孵化が見られ、雌は産卵後に新たに交接をして再度産卵したことなどを一九八四年に『ブレティン・オブ・マリン・サイエンス』誌に報告している。これはイカも含めた頭足類の多回産卵（iteroparity）の例とされた。

私は大学院時代にスルメイカの繁殖について研究していたが、自身の博士論文の中で前述のロダニーチェ氏の論文を多回産卵の例として引用した。ロダニーチェ氏の論文が報じられてから30年後、前掲のコールドウェル博士らの論文で同じ太平洋縞タコが飼育下で観察され、そこでも同一の雌による複数の産卵、交接が見られた。ただし、これは厳密には多回産卵ではなく、一つの繁殖期に断続的に複数回の産卵を行ったものとの解釈が加えられた。実は、こちらの論文にもロダニーチェ氏は共著者として加わっていたので、前報をやや修正したと言えるだろう。

ちなみに、スルメイカも1尾の雌が生涯に1回しか産卵しないとされていたが、長期の飼育観察を行うと同じ雌が1週間ほどの間を開けて2回産卵する様子が見られた。いわば一繁殖期複数回産卵型とも言える産卵様式をとる。先の太平洋縞タコの場合もこれに相当すると言えるだろう。ただ、スルメイカと異なるのは、太平洋縞タコの産卵期間が6ヶ月にも及ぶという点である。これは、例えばマダコなどと比べても非常に長い。現在までに知られている多くのタコでは、産卵後に雌は急速に疲弊し、世話をしていた卵塊が孵化すると間もなく生涯を閉じる。この点からすると、産卵後に再び交接して再度の産卵を行うというのは特異的と言える。

一方、厳密な意味での多回産卵をするタコの例が報じられた。ライプニッツ海洋科学研究所（ドイツ）のヘンク・ヤン・ホービング博士らは、深海に暮らすコウモリダコが多回産卵すると、二〇一五年に『カレント・バイオロジー』誌に報じた。コウモリダコは本書の主役であるタコ類（八腕形目）と共に八腕形上目を構成するコウモリダコ目の一員で（図1-1、図2-13）、一属一種が知られている。この点からすると、コウモリダコは厳密にはタコ類ではなく、さりとてイカ類でもない。まさにタコともイカともつかない頭足類である。古くは「地獄の吸血イカ」の異名をもち、その生態は謎に包まれていたが、モントレー湾研究所のロビンソン博士らがROVでコウモリダコの生きた姿を捉え、そのベールが少しずつ剥《は》がされていった。本種は深海に暮らし、外套膜先端に一対の鰭をもつ（図2-13）。その姿形は、メンダコなど有鰭亜目のタコに似るが、八本の腕の他に細長いフィラメントという構造をもち、これを腕と勘定すればイカに似ることも既に紹介した。

ホービング博士らは、米国カリフォルニア西部沖で採集したコウモリダコの卵巣を調べた。卵巣にあるのは卵母細胞《らんぼさいぼう》であり、卵母細胞は発生が進むと成熟卵となる。産卵に際しては成熟卵が放卵される。卵母細胞はその発生期間を通じてサイズが大きくなり、成熟卵のステージで最大サイズとなる。そのため、卵巣内の卵母細胞の径を測りその頻度（卵径頻度分布《らんけいひんどぶんぷ》という）を調べることで、その個体がどのような成熟段階にあるかを知ることができる。

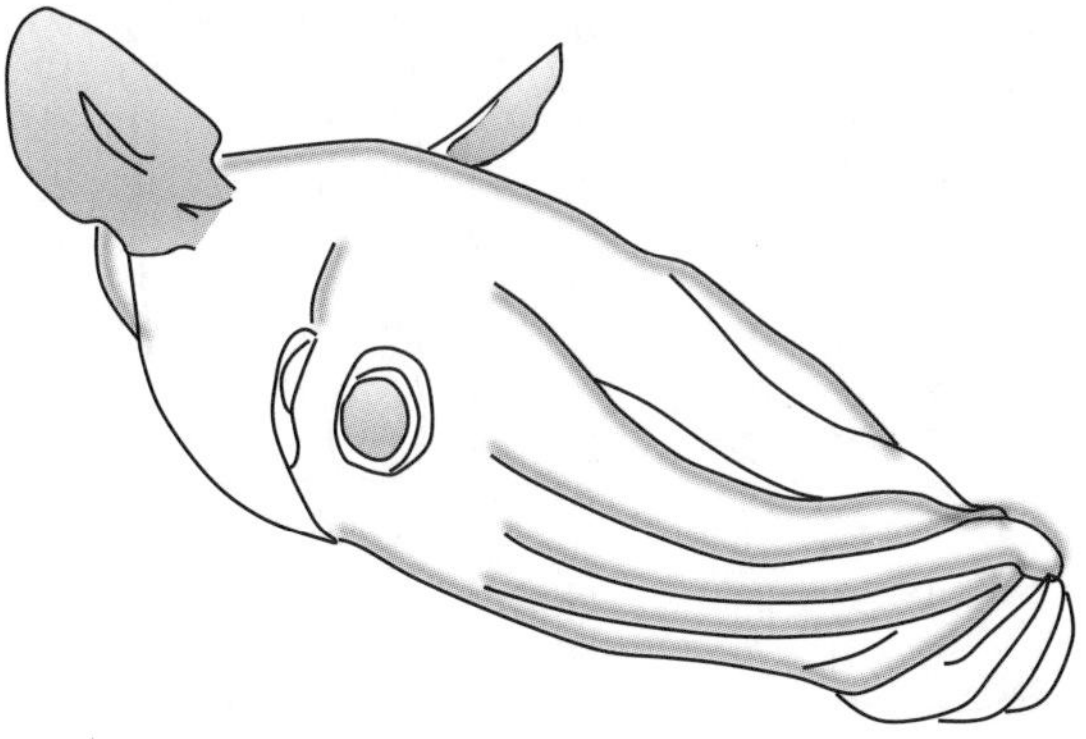

図2-13　コウモリダコ。(Hoving, Laptikhovsky & Robison, Current Biology 25, R322-R323, 2015を基に描く)

コウモリダコの卵径頻度分布には次の三つのパターンがあった。第一に、小さな卵径の卵母細胞のみからなる卵巣、つまり成熟前の亜成体《あせいたい》と判定されるもの（生物学的には、性的に成熟に達した個体を成体という）。第二に、小さな卵径の卵群《らんぐん》に加え、成熟卵と思われる大きな卵径の卵群も存在する卵巣、つまり産卵前の成体と判定されるもの。そして第三に、小さな卵径の卵群しか存在しない卵巣で、産卵後の休止期と判定されるもの。

なぜ、三つ目のパターンが「産卵後」と判定されるかというと、このステージの卵巣では小さな卵径の卵母細胞の中に排卵後濾胞《はいらんごろほう》が見られたからである。タコの卵母細胞は発生が進むと細胞体を濾胞細胞《ろほうさいぼう》という壁で覆《おお》われる。濾胞細胞は卵黄形成に関わると考えられるが、卵母細胞が成熟すると成熟卵は卵巣から排出される。その際、濾胞細胞だけは卵巣内に残るので、これを排卵後濾胞という。排卵後濾胞があるということは、成熟卵が排出された、つまりは産卵を経験したというわけである。

排卵後濾胞はやがて吸収されてなくなるが、ホービング博士らはそれには時間がかかるだろうと考えている。排卵後濾胞の数をその個体が実際に産出した卵の数、つまり放卵数と考えると、外套長が１１２ミリで体重が４４８ｇの雌のコウモリダコは、少なくとも３８００個の卵を産卵したと考えられる。さらに、平均して一回に産み出す卵塊（海藤花）が１００個の卵から構成されるとすると、38回の産卵を行ったと考えられる。また、ここで観察対象とした同じ個体の卵巣には６５００個の卵母細胞が認められたので、さらに65回の産卵が可能と考えられる。いずれもホービング博士らの推測である。

深海は浅海とは異なる環境であり、水温が低い。そのような環境では代謝が抑えられ、一連の活動はゆっくりと進行するイメージがある。前掲の *Graneledone boreopacifica* も実に4年半もの間、雌親が卵塊の世話をし続けていた。この点からすると、コウモリダコが長い歳月をかけて多回産卵をするというのもありそうな話である。

一方、頭足類の多回産卵については今後も精査が必要である。ホービング博士らは排卵後濾胞を産卵の根拠としたが、実はこれは正確ではない。タコとイカでは、卵巣内で生産された成熟卵は輸卵管に運ばれ、そこで貯留される。そして、産卵時に卵は輸卵管から外界に放出される。卵巣から輸卵管への排卵と、輸卵管から外界への放卵、つまり産卵は必ずしも同じタイミングで起こるとは限らない。少なくとも、同じ頭足類のイカ類の場合は両者の間にはインターバルがある。つまり、輸卵管に成熟卵を貯留し、しかるべき時に産卵するということである。

これと同じことがコウモリダコでも起きているなら、卵巣内の排卵後濾胞は必ずしも産卵というイベントを示すものではない。実際に、ホービング博士らが特定した二番目のパターン、産卵前の雌の卵巣にも排卵後濾胞が認められている。つまり、成熟卵があり排卵後濾胞が存在している。これらのことを考え合わせれば、コウモリダコは先ほどの太平洋縞タコと同じように、ある期間の中で断続的に産卵を繰り返していると見ることもできる。

さらには、産卵前のタコで輸卵管に成熟卵がどのくらいの数、どのくらいの期間貯留されるのか、イカとの異同も含めて詳細に観察することも必要である。タコは輸卵管にあまり卵を貯留せずに、その名の通り産卵時には輸卵管を卵が通過するだけという可能性も考えられるからだ。もしもそうであれば、ホービング博士らの推論はかなり真の姿に近いものになる。いずれにしても、コウモリダコの産卵については更なる調査が必要であろう。

本章ではタコの一生について、その生態や繁殖の特性を紹介した。次章では、タコを海底の賢者といわしめる知性の側面と、これまでのタコのイメージとは少し異なる彼らの社会性について、著者の研究も盛り込みながら紹介しよう。

壺屋焼とタコ

沖縄の焼き物に壺屋焼《つぼややき》がある。登り窯《がま》という、斜面に沿って造られた窯で焼く陶器で、料理を盛る皿、泡盛《あわもり》を入れるカラカラなど、様々な生活用品がある。いずれも厚みがあり、表面に施された絵も太めの線でしっかりと描かれている。そのため壺屋焼は、薄手でツヤのある出石焼《いずしやき》などの磁器とは違い、やや無骨でどっしりとした印象を与える。戦前は那覇の壺屋に窯元が置かれていたが、戦後は他の場所にも窯元が置かれるようになった。沖縄本島中部に位置する読谷村《よみたんそん》は壺屋焼の観光名所で、大きく立派な登り窯を見ることができる。

壺屋焼の絵柄にはよく魚が描かれる。口元が尖り、眼が大きく、鱗《うろこ》も大きな魚で、いかにも壺屋焼に合いそうな感じの魚だ。私は水産学の手習いがあるものの、三万種近くもの種数を抱える魚類のことをそんなに詳しく知っているわけではない。きっと具体的なモデルがあるのだろうと思い、読谷村の窯元を訪ねた折に器に描かれている魚について聞いてみた。

「特にこれという魚ではないんです」。あっけない答えが返ってきた。作り手が自由に描いた空想の魚らしい。

壺屋焼に描かれる動物というと、もっぱら魚しか目にしてこなかったが、タコが描かれたマグカップがある。研究室の学生が那覇あたりで見つけ、これは珍しいと早速に購入して持ち帰ってきたものだ。先の魚の絵からすると、このタコも特定の種をモデルにしたものではないのだろう。ただ、腕が細長く、外套膜がやや縦方向に膨らんだ様相からすると、沖縄の海でよく見かけるウデナガカクレダコかヒラオリダコあたりを思い浮かべて描かれたものかもしれない。

壺屋焼に描かれたタコは、その器に注がれるコーヒーの味を不思議とまろやかなものにしてくれる。

第3章　タコの知性と社会性

学習と記憶

知性と聞いて思い浮かべるものは何であろうか。「あの人は知的だ、インテリだ」などと言った場合、賢《かしこ》さや知識をもった人というイメージがあるのではないだろうか。あるいは、「頭が良い」などというイメージかもしれない。このような賢さや頭の良さといった事柄を表す能力として、学習と記憶がある。

一口《ひとくち》に学習といってもいくつかの種類がある。例えば、ネズミに唐突にベルの音を聞かせると身をすくめる行動をとる。しかし、何度もベルを鳴らしていくと、やがてネズミは身をすくめなくなる。最初はベルの音に驚いたが、その後何かが起きるわけでもないので馴れてしまったのだ。これは「馴化《じゅんか》」と呼ばれる。

一方、もっと複雑な学習もある。イヌの前に餌の入ったトレーを置くと、イヌは涎《よだれ》を出す。イヌでなくとも、私たちヒトだって御馳走《ごちそう》を目の前にしたら思わず涎が出るだろう。ここで、餌入りのトレーをイヌの目の前に置くときにベルの音をイヌに聞かせる。このようなことを繰り返すと、やがてイヌは目の前に餌入りトレーがなくてもベルの音を聞いただけで涎を出すようになる。イヌはベルの音と餌を関連づけて学習したのだ。これは「連合学習」と呼ばれ、ロシアのイワン・パブロフにより解明されたものである。
動物に見るこのような複雑な学習を担う器官が脳である。脳は情報伝達を主な仕事とする神経細胞の集まりであるが、様々な情報が運ばれ、処理され、学習が可能となる。より複雑な処理を可能とするには、それだけ多くの神経細胞、そしてそれら神経細胞同士のネットワークが必要となる。それは脳のサイズに反映される。つまり、大きな脳ほど複雑な処理ができるといえる。ただし、単純に脳の大きさを動物間で比較すると、大きな動物ほど大きな脳をもつということになり、つまるところ、大きな動物ほど複雑な情報処理ができるということになる。しかし、これは正確ではない。これだと、体の大きさが異なる動物種の公平な比較とはならないからだ。

　そこで、脳が体全体のどのくらいの割合を占めているのか、脳の相対的なサイズを比較する。具体的には体重に対する脳重量という値を動物間で比較する。つまり、体全体から見て脳という器官にどのくらいの投資をしているのかを見るというわけである。これならば、体の大きさが違う動物同士の脳の大きさを公平に比較することができる。

　このようにして比較したのが脳化指数《のうかしすう》と呼ばれるものである。米国カリフォルニア大学のハリー・ジェリソン博士は、３０９種の哺乳類、１８０種の鳥類、46種の硬骨《こうこつ》魚類、40種の両生類《りょうせいるい》、48種の爬虫類《はちゅうるい》の脳の大きさを比較し、脳化指数をグラフに描いた（図3−1）。このグラフは横軸に体重を取り、縦軸に脳重量を取って描いたもので、異なる動物種を比較した際に、仮に体の大きさが同じならば、脳化指数が大きい動物ほどより大きな脳をもつことがわかる。

図3-1を見ると、脊椎動物は大まかに「哺乳類と鳥類」というグループと「魚類、爬虫類、両生類」というグループに分かれ、前者の脳は後者の脳よりも相対的に大きなサイズであることが分かる。つまり、ヒトを含む哺乳類やカラスなどの鳥類は賢いとの印象で、実際これらの動物では複雑で高度な学習が見られる。一方、サカナやトカゲは賢さでは劣るように見える。

もっとも、これは大雑把《おおざっぱ》な印象で、実際にはサカナもそれまで想像されていたよりも高度な学習を行うことが近年発見されつつある。その点を考えると、単なるイメージというのはあまり役には立たない。

ところで、ここで話題としたのは脊

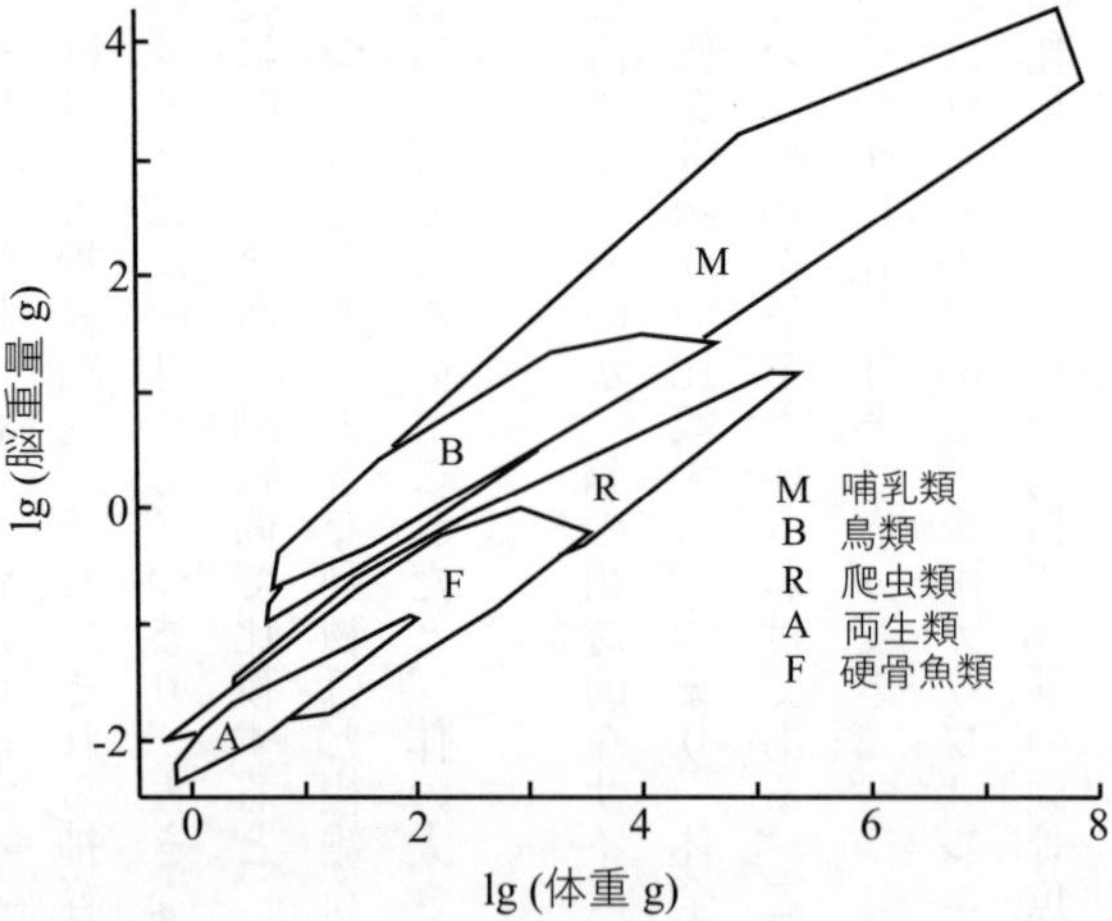

図3-1　脊椎動物の脳化指数（lg は対数。線で囲まれた範囲がそれぞれの動物群の脳化指数を示す）。（H. J. Jerison, Philosophical Transactions of the Royal Society of London B 308, 21-35, 1985を基に描く）

椎動物である。無脊椎動物を含めなかったわけは、必ずしも全ての無脊椎動物が脳という器官を発達させ、備えていないからである。

脳は神経細胞の集まりと前に述べたが、神経細胞を一箇所に集め、そこで情報処理を専属的に行うようにすることを神経の中枢化《ちゅうすうか》という。中枢神経とも言い、それがすなわち脳である。脊椎動物では神経の中枢化、つまりは脳という構造が広く見られる。しかし、無脊椎動物では脳という形で神経を中枢化させるというのは決して広範な種で見られるわけではない。

無脊椎動物の中で非常に多くの種数を占める昆虫の中には、脳と呼べる器官をもつものたちがいる。例えば、コオロギにもミツバチにも脳がある。しかし、それらは非常に小さい。微小脳《びしょうのう》と呼ばれる。ただし、サイズが小さいから単純な処理しかできないかというと実はそうではなく、昆虫も微小脳を使ってかなり高度なことを行う。例えば、ミツバチは食糧源となる花畑の巣からの位置（方角と距離）を八の字ダンスという独特な行動により仲間に伝える。これは、動物行動学の開祖、オーストリアのカール・フォン・フリッシュ博士により発見されたミツバチのダンス言語であることを第一章で述べた。微小とは言っても侮《あなど》れないのだ。

しかし、例外的に大きな脳をもつ無脊椎動物、タコの脳の脳化指数を見ると、おおよそ魚類、爬虫類、両生類の脳の大きさ（図3-1）と同レベルである。タコの脳は無脊椎動物では最大サイズで、突出して大きい。そのため巨大脳と呼ばれる。無脊椎動物の中でこのように大きな脳をもつのは、タコとイカ、つまり鞘形亜綱の頭足類だけである。

　タコの脳は、左右の眼の間にある。脊椎動物の脳は頭蓋骨《ずがいこつ》に包まれているが、タコの脳は軟骨組織に包まれている。図3-2は、軟骨組織を取り外してタコの脳を露出《ろしゅつ》させた状態を示している。その形は脊椎動物の脳とは随分と違っている。

　タコの脳は、左右の眼の後ろに位置するひときわ大きな視葉《しよう》と、左右の視葉の間に位置する中央部分から構成されている（図3-2）。視葉は眼から入った光情報を処理する脳の領域で、視葉の「葉」は脳の領域を示す言葉である。脳の中央部分は30以上の葉から構成されており、それぞれは脳葉《のうよう》と呼ばれる。つまり、視葉も脳葉の一つである。

　ヒトの大脳も様々な領域に分けることができ、領野《りょうや》と呼ばれる。視覚領野、聴覚領野など

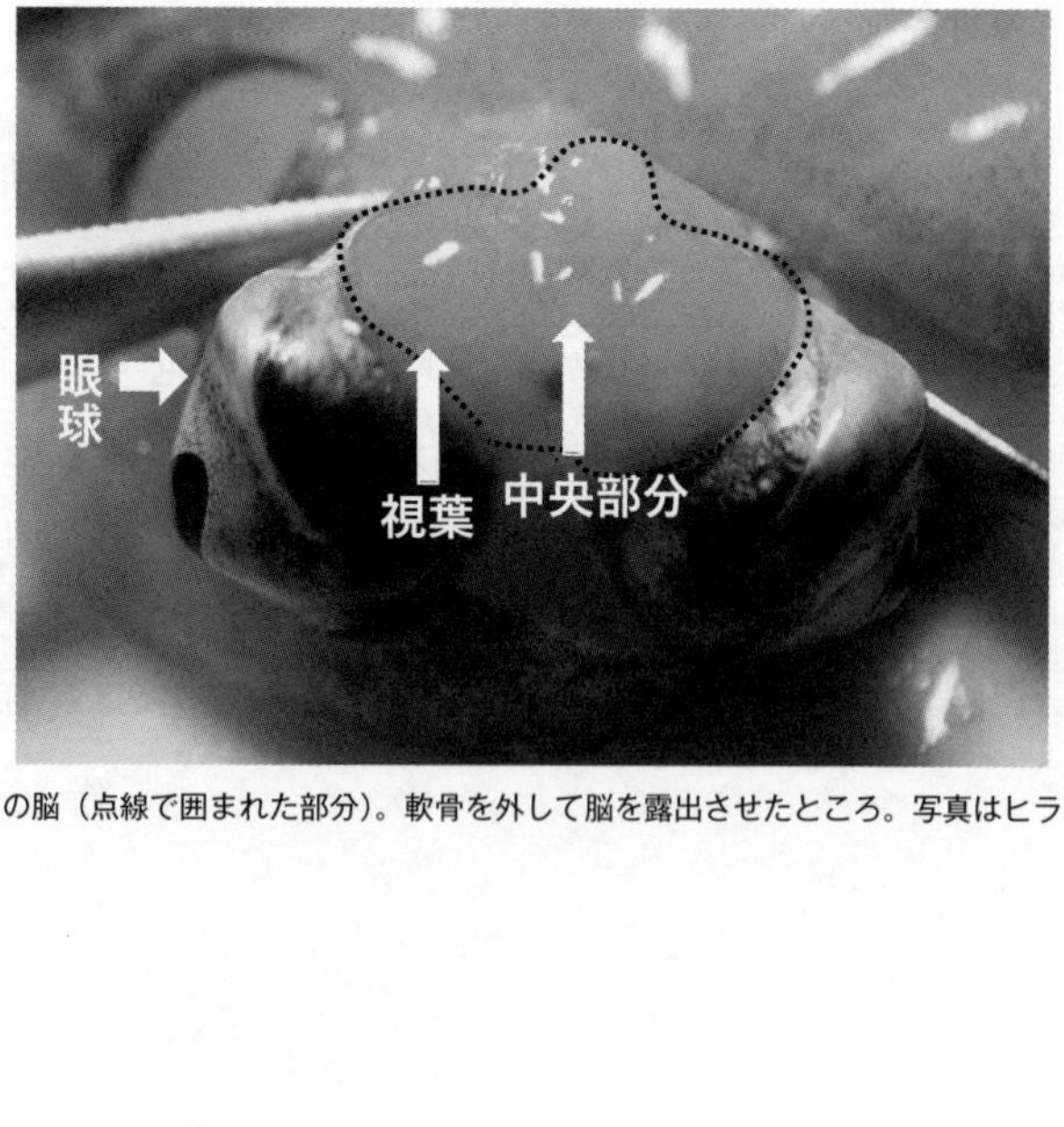

図3-2　タコの脳（点線で囲まれた部分）。軟骨を外して脳を露出させたところ。写真はヒラオリダコ。

で、見ること聴くことなど、それぞれの領野は様々な行動の制御に関わっている。タコの脳もこれと同じで、学習と記憶に関わる脳葉があり、垂直葉《すいちょくよう》や副垂直葉《ふくすいちょくよう》がこれに当たる。つまり、脊椎動物の脳と同じく、タコの脳にも機能の局在《きょくざい》が見られる。

　タコの脳の機能局在は、チチュウカイマダコで特定の脳葉を外科的に取り除き、その後のタコの行動を観察するという実験を通じて確かめられた。例えば、垂直葉を破壊し、その後に学習実験を行う。垂直葉破壊後にタコが学習できなくなったとすると、垂直葉は学習に関わる脳領域であると特定できる。このような実験から、脳のどこがどのような機能を担っているのかが解き明かされた。

　一九五〇年代から一九七〇年代にかけて、チチュウカイマダコを対象としてタコの学習能力が色々と調べられた。英国のヤング博士をリーダーとしたヤング学派と呼ばれる面々による数々の行動実験である。それによれば、チチュウカイマダコではオペラント条件づけという学習が容易に行える。例えばケージの中にいるネズミがケージ内に設置されたレバーを偶然押したとする。すると、餌が出てきてネズミはそれを食べることができる。これを繰り返すと、ネズミはレバーと餌の関係を学ぶようになる。つまり、特に意味のないものを報酬と結びつけて覚えさせるというものである。

　同じ原理でチチュウカイマダコを訓練すると、丸や四角といった図形を学習する。図形が目の前に提示されると、必ずそれを攻撃するといった具合である。

　さらに、これを応用して実験すると、マダコは同じ丸でも大きさや、色の違う丸同士を見分けることができた。自分が学んだ丸がどのようなものであったかをきちんと認識しているのだ。同じことは三角や十字といった別の図形でもできる。図形弁別《ずけいべんべつ》と呼ばれるものである。

また、マダコはある種の迷路学習もできる。不透明な壁の廊下に、隔てられた二つの部屋があり、片方の部屋には生きたカニが入った透明なガラス管が置かれている。こういう構造の廊下と二つの部屋をタコは外側からガラス壁を通じて見ることができる。そして、少ない試行でカニが置かれている方の部屋にたどり着き、カニを手に入れることができた。どこをどう行けば良いかを学習し、それを記憶して行動したのだ。

新規な課題を解く力もタコは併せもつ。透明なガラス瓶に生きたカニを入れてコルク栓で蓋《ふた》をする。それをチチュウカイマダコに提示すると、瓶にかぶさってコルク栓を抜き、中のカニを捕獲して食べる。本来、チチュウカイマダコが暮らしている海底には瓶に入ったカニは売られていないだろう。つまり、瓶に入って蓋をされたカニというのは、タコが遭遇する初めての状況と考えられる。このような新規な課題（この場合はコルク栓を外して中のカニを手に入れること）を解決する能力をタコはもっている。これも学習能力の一つといえる。

ちなみに、ネジ口《くち》の蓋を閉めた瓶に収容されたタコは、難なく蓋を回転させて開け脱出することができる。これも新規課題の解決能力と言えるだろう。最近ではこの映像をYouTubeでよく目にする。

さらにもっと高度な学習もタコは可能だ。観察学習と呼ばれるものがそれである。観察学習は同種の他の個体がやっていることを見て、それを真似るもので、見真似《みまね》学習ともいう。例えば、野球を初めてやってみるという人にバットの振り方を教えるとき、経験者が実際にバットを振ってみる。そして、初心者はそれを見て同じようにバットを振ってみるという場合などがそうだ。初心者は経験者の動作を見てバットの振り方を学び、自分でもそれをやってみるというわけだ。

このように観察学習は私たちヒトでは普通に見られる学習だが、ヒト以外の動物ではあまり例がない。ヒトに近縁なサルでも観察学習は難しい。猿真似とはいうが、本当のところサルにとって真似をすることは難しいようだ。ところが、タコにはそれができる。それはナポリで解き明かされた。

イタリア南部のアントン・ドールン臨海実験所のグラティアーノ・フィオリト博士とレッジョ・ディ・カラブリア大学のピエトロ・スコット博士は、チチュウカイマダコを対象に次のような巧《たく》みな行動実験を行った。

初めに、チチュウカイマダコに赤色の球と白色の球を見せ、赤球を攻撃するように学習させる。タコは16試行ほどで赤球を攻撃することを学ぶ。同じことは白球に攻撃対象を変えても可能で、21試行ほどで白球を攻撃することを学ぶ。ここで赤球の方の学習がやや速いのは、本種に赤色の球を好む性質がもともとあるからと考えられる。

次に、四角い水槽の中央に透明な仕切りを置いて二つの区画に分ける。片方の区画には、赤球または白球を攻撃することを既習《きしゅう》したタコを入れ、仕切りで隔てたもう片方の区画には何の学習も施していないタコを入れる。ここで、既習のタコは実演者（デモンストレーター）、隣の区画のタコは観察者（オブザーバー）と名付ける（図3-3）。

こうして、実演者のタコに赤球と白球を提示する。すると、赤球を攻撃することを学習した実演者は赤球を攻撃する。既に学習した通りに振る舞うわけである。一方、隣の区画にいる何も学習していないタコは、別にそうしろと言われたわけではないが、実演者のタコが赤球を攻撃する様子を熱心に見る。「何をやっているのだろう」という具合である。

今度は、実演者のタコと観察者タコの区画の間に不透明な仕切りを置き、観察者のタコに赤球と白球を提示する。すると、このタコは赤球を攻撃するのだ。まさしく、観察学習

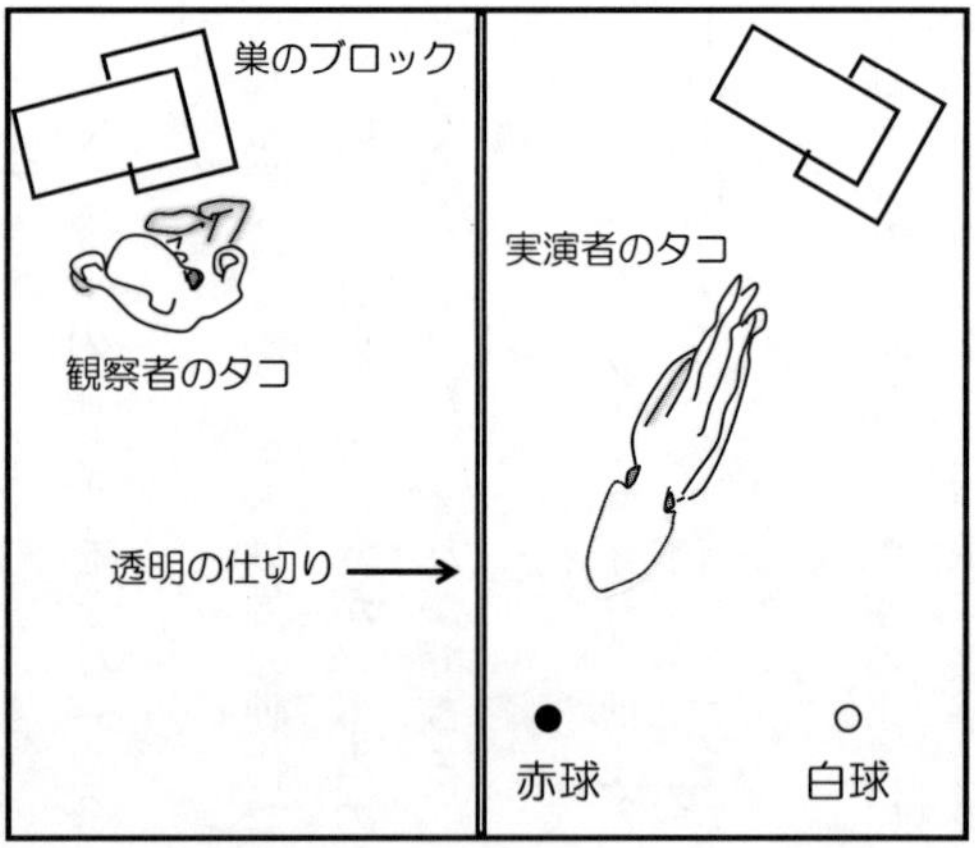

図3-3 マダコの観察学習。実験水槽を上から見たところ。（Fiorito & Scotto, Science 256, 545-547, 1992を基に描く）

である。興味深いことに、観察者のタコは4試行ほどで赤球を攻撃することを学習した。つまり、タコが人間に習うより、タコがタコに習う方がより早く学習が成立するのだ。

チチュウカイマダコで見られた観察学習は無脊椎動物では初めての例である。このことは、タコの潜在能力が非常に高いことを示唆している。ただ、単独性が強いと考えられるタコが観察学習の能力を実生活の中で何に用いているのかは分からない。チチュウカイマダコの観察学習は、フィオリト博士とスコット博士により一九九二年に権威ある科学雑誌『サイエンス』に発表された。なお、観察学習は別の学習タスクでも成り立つ。以下、フィオリト博士らによる実験である。

先に、チチュウカイマダコがガラス瓶のコルク栓を開けて、中に入れられたカニを食べる新規学習の話をした。これを既習したタコを実演者として未経験の観察者のタコに見せると、観察者のタコはより少ない試行でカニを入手できる。つまり、同種個体の動作を見て真似たと考えられる。

また、黒い箱にカニを入れ、これを開けて中のカニを捕食するというタスクを学習させ、この既習個体を実演者とする。未経験のタコを観察者として実演者のやることを見せ、後にカニ入りの黒い箱を提示すると、箱を開けてカニを捕食することができる。

ただし、このタスクの場合、観察者の成績は悪く、試験した個体の半分ほど（55個体のうちの29個体）しか箱を開けてカニを捕まえることができなかった。どうも、箱の扉を開けて中のものを取り出すという行動は、タコにとっては難しい新規の課題のようである。

おそらく、箱という物体を初めて目にし、その構造を理解して実際に蓋を開けるというのは、視覚と触覚の双方を存分に駆使《くし》する行動なので、実演者の動作を見るだけで理解するのは難しいのだろう。

さて、タコは学習したことをどのくらいの期間覚えているか。これまで述べた学習は全てそのタスクをタコが覚えていたのでできたものといえる。それはタスクと次のタスクまでの間の時間から考えると、少なくとも数分間は記憶されていた。これは短期記憶に相当するだろう。さらに長いものとして、カリフォルニアツースポットダコでは比較的複雑な学習課題を5週にわたり記憶していたという報告がある。また、チチュウカイマダコでは、第一章で紹介した溝を彫った円柱を用いた触覚学習の課題を2ヶ月にわたり記憶していたという報告がある。これらは長期記憶に相当するだろう。タコは生涯の長さが1年～2年ほどの生き物であることを考えると、2ヶ月というのは随分と長いといえる。

一方で、チチュウカイマダコが同種個体を見分けられるのかという実験によれば、タコは同じ個体のことを2日ほどしか覚えていないという。どうやら、対象により覚えていられる長さは異なるようである。ただし、自然環境下での観察によれば、ウデナガカクレダコの特定の二個体が1週間にわたり関係性をもっていたとの報告もある。

タコの種による違い、飼育下と自然環境下との違い、またタコが置かれた状況の違いなど、様々な要素が関係して、このような記憶の長さの違いを生じさせるのかもしれない。

本節の最後に、野外で観察されたタコの学習について紹介しよう。

新規な環境への学習を思わせる非常にユニークな行動がミズダコで観察された。京都大学のロビン・リグビー博士らは、北海道南部太平洋側の沿岸で、体重3キロ～4キロの若齢のミズダコに超音波発信器を装着し、行動を観察した。これは、前章で紹介したアラスカ太平洋大学のシール博士らが用いたものと同様の機器で、受信機によりタコの位置が時々刻々と特定される。

発信器を装着されたミズダコは思わぬ行動に出た。発信器を装着後、ミズダコは2日間、岩礁帯《がんしょうたい》付近にいて、その後、水深7メートル～8メートルの深場《ふかば》へと移動し、そこに2週間ほどいた（図3-4上）。

超音波発信器で特定されたタコの行動を見ると、一定の箇所に留まり水深7メートル～8メートルの間を鉛直的に移動するという、特徴的なパターンを繰り返していた。

さらに、潜水して当のタコを観察してみると、海底に設置された刺し網に登り、そこに捕獲されている魚を捕食していることがわかった。しかも、それは極めて規則的な行動で、午前7時～8時になると刺し網に登り始め、午前10時から正午までは網に取り付いており、午後1時～3時には網から降りるというものであった（図3-4下）。

つまり、このミズダコは刺し網が設置される時間に合わせて、網にかかった獲物を失敬していたというわけである。ここで、ミズダコ自身は刺し網に捕らえられないところが絶妙である。これは、海底を這って広範囲に移動し、餌を探索して巣に戻ってくるという、私たちがタコに対して抱く想像とは随分と異なる行動である。

しかし、それもそのはずで、近くに大きな網が張られ、そこに餌が用意されているならそこから食べる方が効率的である。いわば、刺し網はタコにとってバイキング形式のレストランのようなものであったのだ。

これは思わぬ発見と言えるが、ミズダコの高い知性の一面を示すものとも言える。おそらく、ミズダコは自ら餌生物を探索し、捕獲するということも行うだろう。ただ、人間が仕掛けた人工物を自らの生存に好都合と判断すれば利用する。そういう知性を有しているといえる。いや、したたかさという言葉の方が当たっているかもしれない。リグビー博士らは、別の解釈も加えている。

事前の、飼育下でのテストによれば、超音波発信器を装着されたミズダコは2週間ほどの期間をかけて摂餌量《せつじりょう》が低下することがわかった。取り付けられた発信器は、タコにとって少なからぬ負荷となるのであろう。その点を考えると、件のミズダコは発信器を取り付けられて少し調子を落とし、遠くまで餌の探索に出向くにはやや体力が足りなかった。そこで、近くにある刺し網に目を向け、そこにかかった獲物を捕食し生残を図ったのではないか。これはこれで非常に適応的な戦略であり、ミズダコがもつ柔軟性の一つと考えることができる。

実際に、発信器を装着されていない、自然下で暮らす他の多くのミズダコが刺し網の獲物をとるという行動をとっているのかは定かではないが、ミズダコが漁業という人間活動とこのような形で接点を持っている可能性を示すものとしても興味深い。この研究調査は、

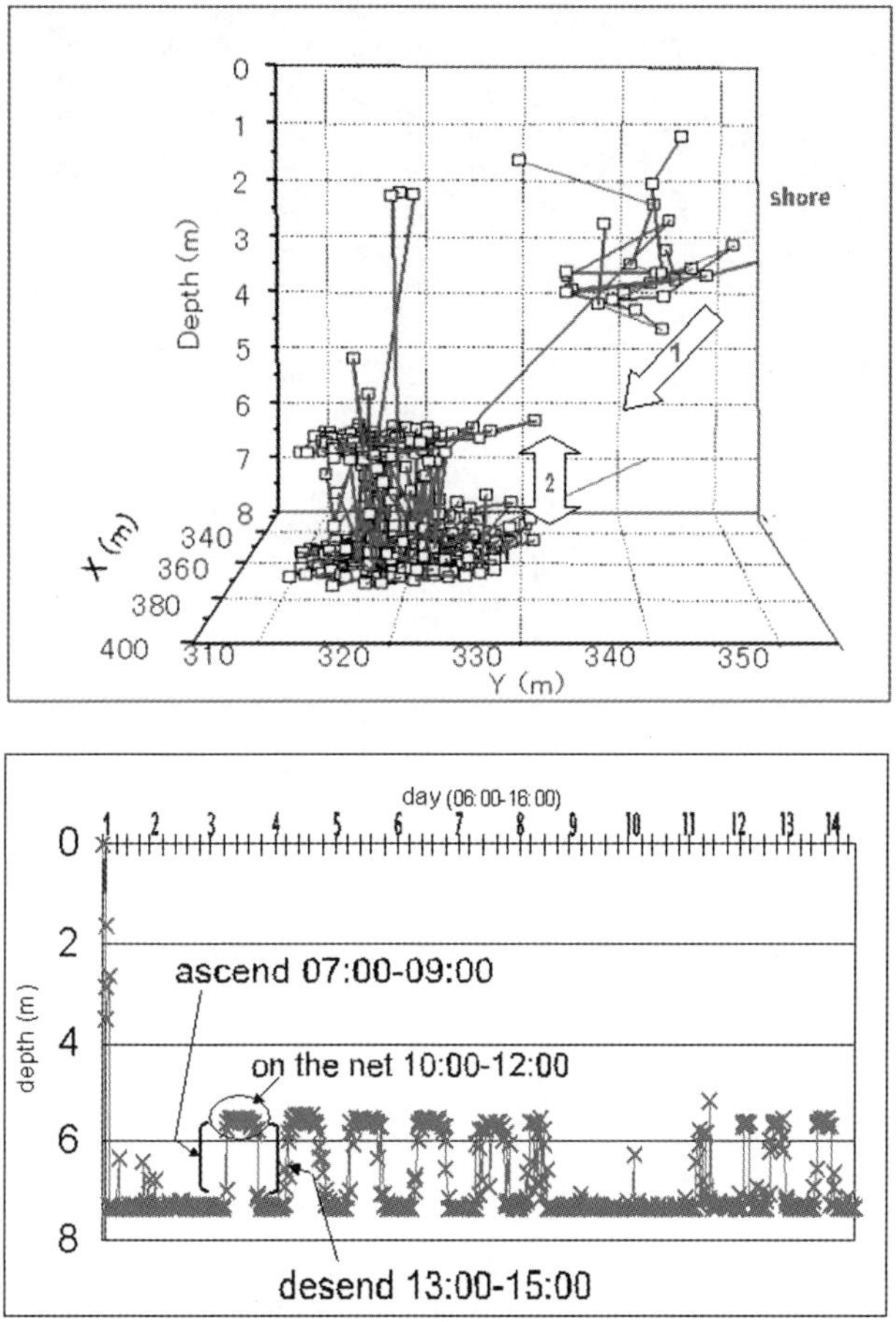

図3-4　北海道南部沿岸におけるミズダコの周期的な捕食行動。上：超音波発信器の記録；タコは発信器装着後の放流時から深場に移動し、一定のエリアに止まっている、下：潜水観察の記録；タコは午前のほぼ決まった時間に刺し網に登り、午後に刺し網から降りるという行動を毎日繰り返している。（Rigby & Sakurai, Marine Technology Society Journal 39(1), 64-67, 2005 より転載）

二〇〇五年に海洋技術の専門誌『マリン・テクノロジー・ソサイエッティ・ジャーナル』に掲載された。

道具を使う

高度な能力という意味では、道具の使用をあげることができる。

私たちヒトは様々な道具を日常生活で用いている。自分の体以外の物である道具を用いて、何らかの目的を達成することができる。壁に梯子《はしご》をかけ、高いところに到達することができる。金槌を使って釘を板に打ち付けることができる。スマートフォンやパソコンも道具であり、遠くの人と通話し、難しい計算を行うことができる。

道具を使用するということはヒトにとっては当然であるが、ヒト以外の動物にとってはかなり高度な能力とされる。少し前までは、ヒトだけが道具を使用でき、それがヒトとヒト以外の動物を分ける事柄とされてきた。しかし、チンパンジーが細い枝をアリの巣に差し込んでアリを捕らえるアリ釣りや、カレドニアガラスが木の枝を器用に切り出してフックとし、それを穴に挿入してイモムシを捕食するといった事柄が発見された。また、フサオマキザルは木の実を岩のくぼみに置き、そこに大きな石を振り下ろして木の実を割って食べる。ヒト以外の動物でも道具使用が発見されたのである。

道具使用は、道具となるものと、それを使う対象との関係性を理解していないとできないもので、そこに自身の運動も関わってくる。ここで紹介した道具使用と呼べる行動を示す動物は、総じて脳が大きく、一定以上の知性をもつものたちと言えるだろう。

タコにも道具使用が見られる。メジロダコはココナッツの殻や二枚貝の殻を道具にして使う（図3-5）。これは、半球状のココナッツの殻を海底の巣の入り口に被せて防壁としたり、2枚のココナッツの殻を合わせて中に自身が隠れたり、防衛の用途に使うというものだ。

また、お気に入りの殻はキープして持ち運ぶ。刹那的に一つの殻を使い、あとは捨ててしまうということではないようである。メジロダコの道具使用は、ビクトリア博物館（オーストラリア）のジュリアン・フィン博士らにより、二〇〇九年に『カレントバイオロジー』誌に報告された。

メジロダコに見られたこの行動は、もともとは二枚貝がその殻を合わせて身を隠すという行動を真似たもので、それがヒトの捨てたココナッツの殻にも転用されるようになったのではないかと考えられている。この行動は、西日本沿岸に生息するイイダコにも見られ、これは以前より知られていた。イイダコも道具使用をするタコといえそうだ。

腕で意思決定

タコやイカといった頭足類の脳が、無脊椎動物では例外的な巨大脳であることは既に紹介した。脳は神経を集積させた器官であるが、情報伝達を担う細胞である神経は脳以外の場所にも配置されている。大まかに言えば、神経細胞を多くもつ動物はそれだけ情報を伝達し、活用しているということになる。

タコは孵化した時点で50万個の神経細胞を備えている。これが発達するに従い、大人では5億2千万個の神経細胞をもつに至る。

このうち、3分の1に相当する1億7千万個の神経細胞は中枢神経、つまり脳に配置されており、脳の中央部分に4千万個、視葉に1億3千万個が配置されている。脳の中でも視葉はひときわ大きいので（図3-2）、脳内での神経細胞の配置の違いは首肯できる。

さて、残りの神経細胞、つまり神経細胞の3分の2、3億5千万個の神経細胞はどこに配置されているかというと、主に腕に配置されている。タコの腕の一本一本には神経細胞が張り巡らされている。タコのお刺身はタコの腕を輪切りにしたものだが、その断面を見たときに中央に位置している円形の部分が神経索という神経細胞の塊《かたまり》である（図3-6）。

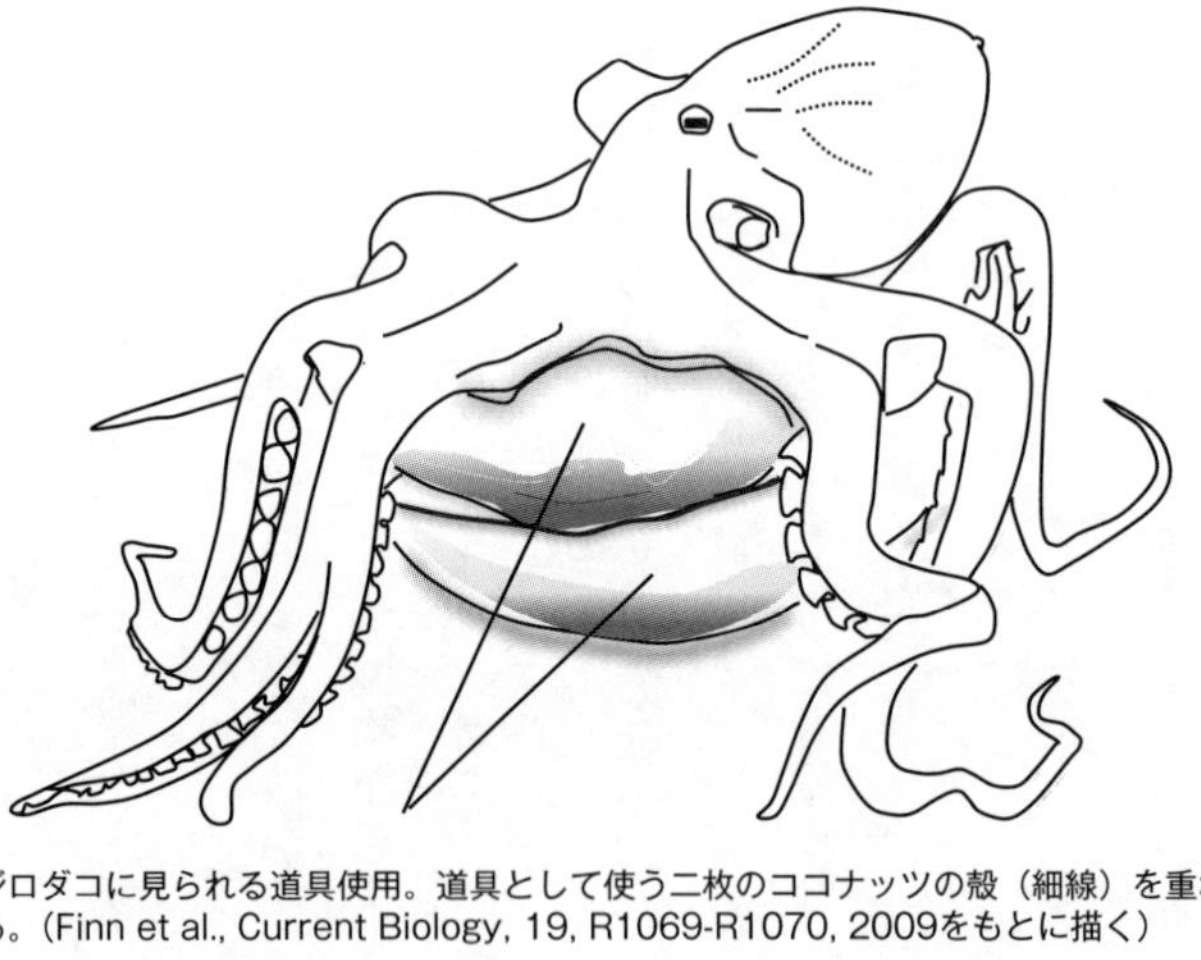

図3-5　メジロダコに見られる道具使用。道具として使う二枚のココナッツの殻（細線）を重ねて運んでいる。（Finn et al., Current Biology, 19, R1069-R1070, 2009をもとに描く）

タコの腕はユニークな動きをする。私たちの腕のように内部に骨はなく、まして骨と骨の連結部である関節《かんせつ》もない。ところが、タコの腕はまるで関節があるかのように、決まった箇所で折れ曲がり、物をつかみ引き寄せるという動作を見せる。これはヘブライ大学（イスラエル）のビンヤミン・ホッチナー博士らの研究グループがチチュウカイマダコを対象に観察し、『ネイチャー』誌に二〇〇五年に発表したものである。

私たちの腕が肘や手首、肩の部分で曲がったり動いたりするように、タコの腕の動きは、理にかなったものといえる。

まず、一本の腕をどこも折り曲げずに、物を自分に引き寄せるのはそもそも至難の技である。腕を伸ばして縮めることで、捕まえた餌を腕の付け根に位置する口まで持ってくるというやり方もあるが、タコはそのようにはしない。ちなみに、イカはひときわ長い二本の触腕《しょくわん》という腕で餌を捕まえるが、触腕は折り曲げるのではなく伸縮させることで餌を捕獲し口にもってくる。いうなれば、マジックハンドのような腕の動きである。

決まった箇所で屈折《くっせつ》させるという運搬方法は、私たちの身の回りの無生物に見ることもできる。例えば、工事現場で活躍するユンボ（パワーショベル）がそうだ。先端にショベルがついたユンボの腕は、ショベルの接続部と腕の中間部分で曲がるようになっている。腕とショベルを曲げることで、地面を掘ったり、掘り出した土を運んだりという動作を効率的に行うことができる。イカの腕がマジックハンド方式を採用しているのに対し、タコの腕はユンボ方式を採用しているといえる。

関節様《かんせつよう》の動きの他に、タコの腕はターゲットに向かってしなやかに鞭打《むちう》って移動するような動きも見せる。これは何か物を捉えようとするときにタコが見せる定型的な動作で、1本の腕の屈折部位が根本から先端に移動する動きである（図3-7左列）。この動作は目標指向性の腕の動きとして、前掲のホッチナー博士らにより詳細に分析され、『サイエンス』誌に二〇〇一年に発表されている。

この動きで面白いのは、腕を身体から切り離し、腕の神経に刺激を与えても同じ動きが起こることである（図3-7右列）。つまり、頭部に位置する脳との連絡を絶っても、タコの腕はターゲットに向かう動きを見せるのだ。このようなことから、タコの腕はまるでそれ自体が意思をもって動いているようだといわれる。タコが「腕で考える動物」と称される所以《ゆえん》である。

タコの腕の多様な動きは、伸縮、屈折、捻《ひね》り、掌握《しょうあく》に分けることができ、これらの動きを可能にしているのは腕を構成している筋繊維《きんせんい》である（図3-6）。これは、

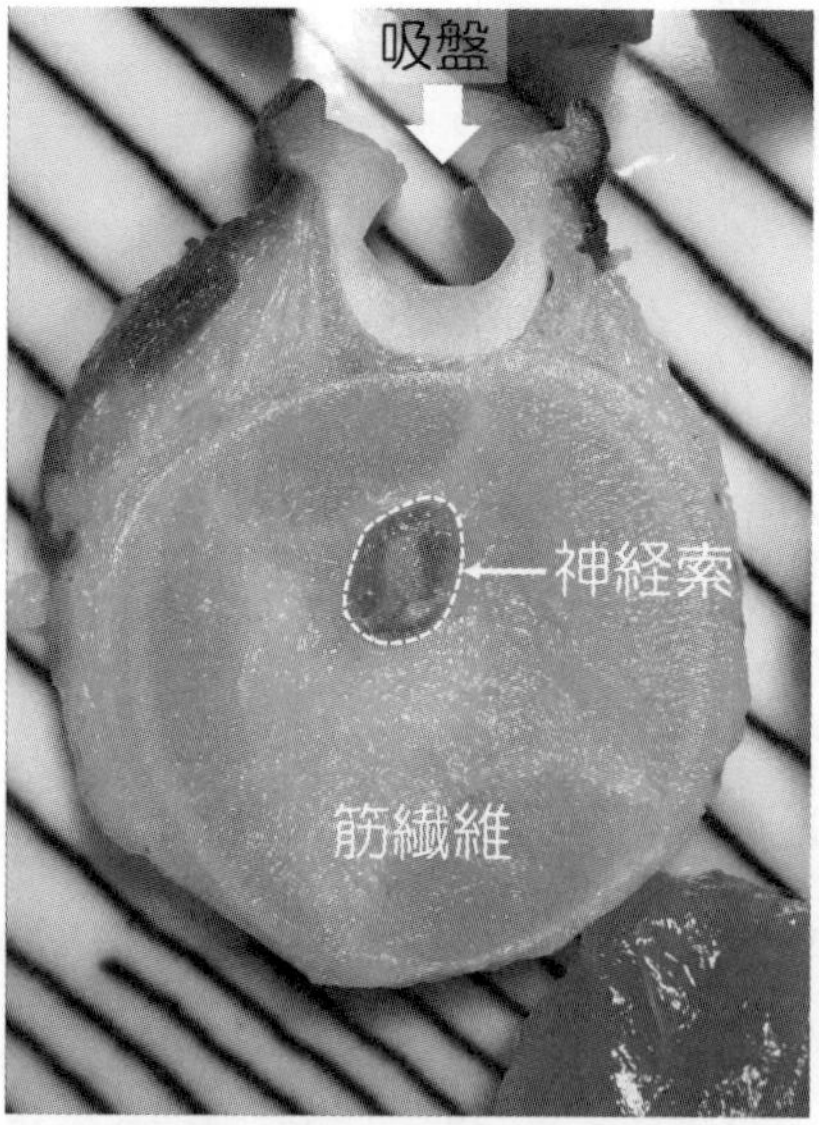

図3-6　タコの腕の横断面。写真は水に戻して食するミズダコの乾物食品。

縦方向に走る筋肉、横方向に走る筋肉、斜め方向に走る筋肉など、複数の種類の筋肉組織から構成されている。これら筋肉組織の動きにより、腕全体の動きが実現する。

さらに、これら筋肉組織は神経細胞により制御されている。神経からの指令により筋肉が活動するのだ。既に述べたように、タコは全身の神経の3分の2が腕に配置されている。その神経の配置をよく見ると、腕が巧みに制御されていることがわかる。

図3-8は、タコの神経の配置を描いた模式図で、頭部に位置する脳と腕に配置された神経が連絡している。ここでユニークなのは、8本の腕に配置された神経も互いに連絡していることだ。ここは腕間交連《わんかんこうれん》という構造で、8本の神経群をリング状に連ねている。腕間交連は腕の付け根付近に位置している。

全神経の3分の2もの神経が腕に配置されていることから、タコは頭部の脳の他に腕に第二の脳をもっているなどと言われることがある。タコの腕の定型的な動きは頭部の脳と切断しても起こるので、腕自体に脳があり、それにより腕の動きが制御されているというわけである。

第二の脳と称されるのは、腕間交連と各腕の神経が交叉《こうさ》するところで、これは各腕に1箇所あるので合計8個ある。頭部の脳と合わせると、タコは九つの脳をもつなどと表現される。現時点では、腕の神経や腕間交連が腕の動きにどのように関わっているのか、その神経ネットワーク的な働きの詳細は解き明かされていない。また、これら神経群と頭部の脳がどのように連絡し合い、腕を動かしているのかという、タコの腕の脳内制御の詳細に

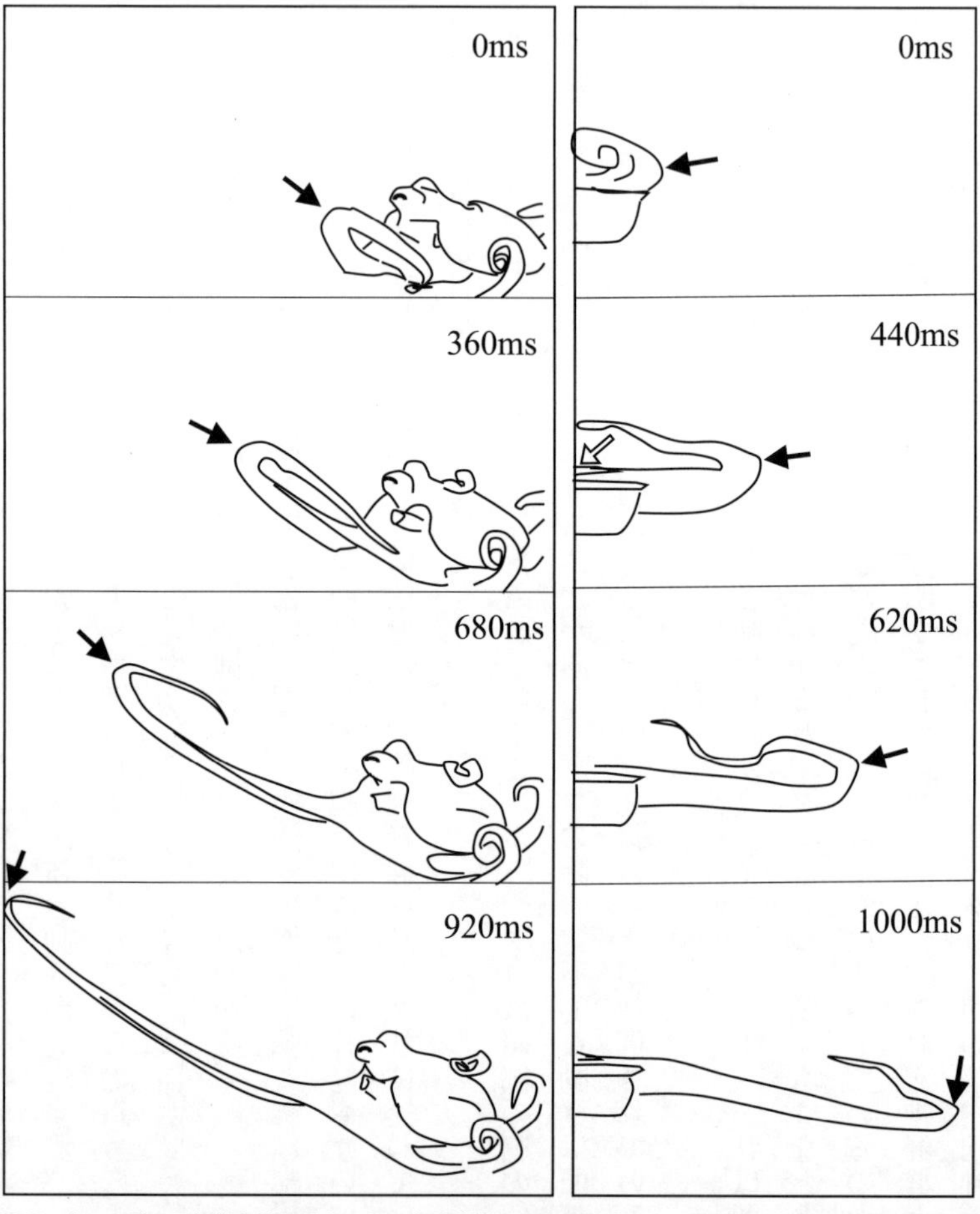

図3-7　タコの腕の目標指向性の動き。左：自然状態での腕の動き、右：頭部から切断した腕の動き。矢印は屈曲部位、中抜き矢印は神経の人為的な刺激部位。（Sombre et al., Scinece 293, 1845-1848, 2001を基に描く）

ついても分からないことが多い。さらには、脳にも腕の動きに関わる脳葉が特定されているが、その機能の詳細となると分からないことが多いのだ。

この点に関し、第二の脳という表現が適当かどうかは何とも言えないが、タコは８本もの腕を精密に制御するために、中央コントロールセンターの脳に加え、脳の支店のようなものを腕に配置したとイメージしても良いかもしれない。

動物の神経の配置には多様性がある。例えば、ヒドラやクラゲなどの腔腸動物《こうちょうどうぶつ》は、神経細胞が一箇所に集約した脳という構造を持たないが、神経細胞が網目状《あみめじょう》に全身に広がる散在神経系《さんざいしんけいけい》という構造をもっている。これらの動物の系統はタコとは違うが、動物はそれぞれの行動特性を反映させた神経系をもっている。

タコは視覚の動物、あるいは腕で考える動物と称されるが、これはタコが視覚に優れ、腕をよく用いるという行動特性をうまく言い表している。重要なものに情報伝達の役割を担う神経

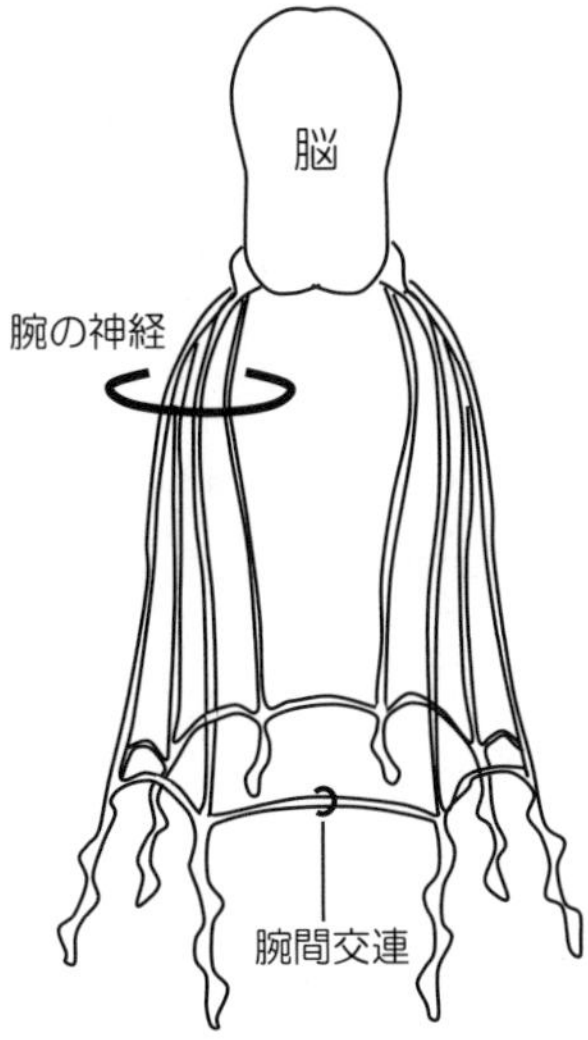

図3-8　タコの脳と腕の神経系および腕間交連の配置の模式図。図の下側に腕が伸びる。（Sakaue et al., Brain Structure & Function 219, 323-341, 2014を基に描く）

を重点的に配置するという戦略はわかりやすい。

実際に、タコは頭部に脳をもつが、このうち視覚情報処理に関わる脳葉を視葉という形で大きくし、中央部分の脳とは別に眼の裏側に配置している（図3-2）。これと同じように考えれば、タコは腕の制御のために多くの神経を腕に配置させ、かつ、それらが互いに連絡する腕間交連という脳が延長したような構造を作った。ただし、それが頭部にある脳と同じような情報処理を行っているかは分からない。

確かに、頭部から切り離したタコの腕は定型的な動きを見せるが、それは切り離されたトカゲの尻尾と同じようなものともいえる。ヒョロヒョロと動くトカゲの尻尾を見て、そこに脳があるとは考えないであろう。つまるところ、タコの腕は頭部の脳と腕に配置された神経で制御されており、それらがどのくらいの割合であるのかはよくわからない。このことに関し、当時ヘブライ大学にいたタマー・グトニク博士が『カレント・バイオロジー』誌に二〇一一年に発表した、チチュウカイマダコで行った以下の実験は示唆的である。

タコが垂直に立った透明円筒に1本の腕を挿入する。筒の先は水平な三叉路《さんさろ》になっており、路《みち》の端《はし》にターゲットがある。三叉路は透明なので、タコは下からターゲットを視認することができる。タコは腕を伸ばしてターゲットを触るというのが課題だが、腕は根本から途中まで透明円筒に入れて固定されている。ちょうど、腕1本が通る太さの円筒なのだ。そのため、タコは円筒の先から出た腕の先端を眼で見て、ターゲットが置かれた三叉路を選び、そこに腕の先端を挿入して伸ばし、ターゲットまでリーチをかけなければならない

（図３−９）。

チチュウカイマダコはこのような課題に成功した。つまり、眼で情報を見て、それを脳で処理し、さらにその情報に基づいて腕を動かし、眼で見た物に触るということで、これはタコが視覚的な情報と腕の動きというものを脳内で統合できることを示している。そうなると、腕だけが独立して何かを行うというよりも、そこには脳も眼も関わってくるということになりそうだ。

この点を踏まえると、本節のタイトルにあるような腕で意思決定というのは正しくはない。真の意味の意思決定はおそらく脳で行われており、腕はその決定に従って動いている。ただ、その際に、お決まりの動きや微調整を要するような動きは、腕に配置された神経や腕間交連により制御されるのだろうと思われる。

伸縮自在のタコの腕は、私たちの生活とも関わりをもちつつある。ロボット分野がそれで、

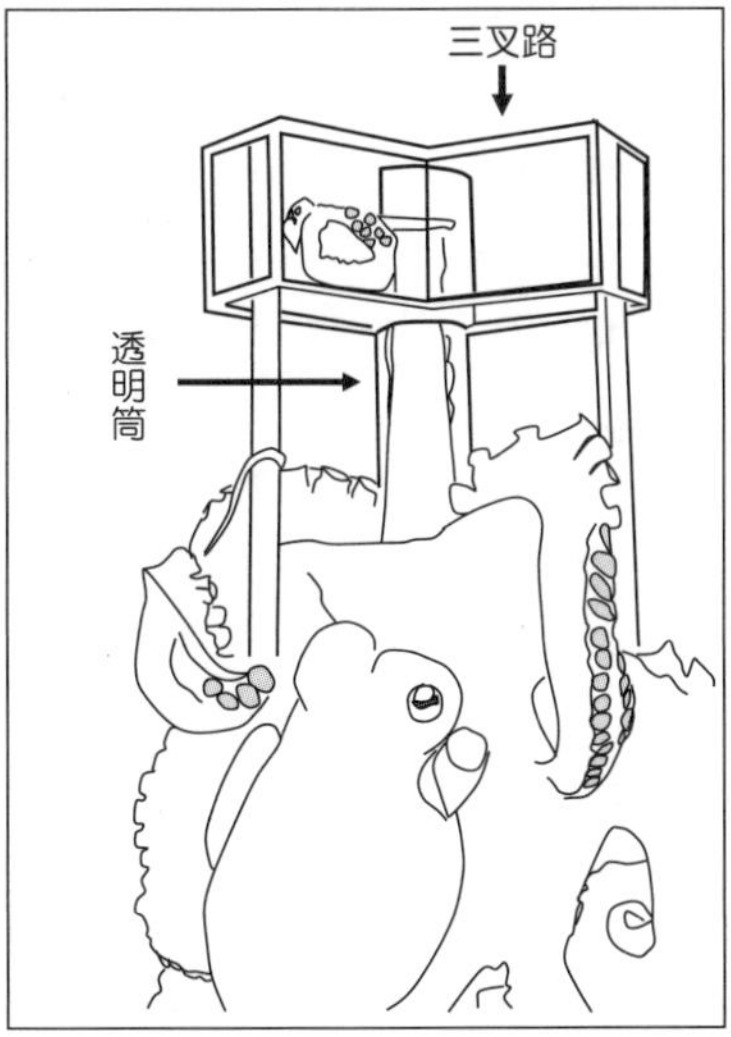

図3-9　チチュウカイマダコの三叉路実験。腕の根本は透明筒に挿入して固定され、腕の先端を三叉路に入れてターゲットを得る。（Gutnick et al., Current Biology 21, 460-462, 2011 を基に描く）

タコの腕を模したロボットの開発が進められている。可動領域が広く、理論的にはあらゆる角度に動かせるタコの腕を工学実現させようという取り組みである。実際に、中国航空航天大学、米国のハーバード大学などの研究チームが、タコの腕にヒントを得たソフトロボットを開発している。今後、産業ロボットなどとしての活用が期待される。

感覚世界

私たちは多様な感覚世界に生きている。眼でものを見て、音を耳で聴き、鼻で匂いをかぐ。手で触り、舌で味を楽しむ。視覚、聴覚、嗅覚、触覚、味覚の五感である。生まれつきこれらの感覚のいずれかをもたない場合や、病気や怪我などによりいずれかの感覚を失うという場合もあるかもしれない。そのため、私たちの感覚世界は人により異なり、多様性があると言える。

一方、私たちがこれらの感覚に依存する度合いは均等ではない。総じて、ヒトの場合は視覚に大きく依存し、入ってくる感覚情報のうち八割以上が視覚といわれている。視覚に障害をもつ人もいるので、これは健常者の場合ということになる。このことを反映するように、ヒトは精巧な眼をもっている。大きく依存する感覚情報が、それを受け取る感覚器に反映されているということだ。

どの感覚情報に依存するかは動物により異なる。例えば、コウモリは超音波を聴き分け、暗闇でもそれを頼りに獲物を捕獲することができる。地中に暮らすモグラは匂いに敏感で、嗅覚が発達している。

タコはどうだろうか。第1章で、タコはヒトの眼と構造がよく似た大きなレンズ眼をもっていることを紹介した。また、脳の中でも視葉という視覚情報処理に関わる脳領域がひときわ大きいことを本章で述べた。これらのことから、タコは視覚の動物と呼ばれる。実際に、様々な図形を見て識別する視覚学習が得意である。

一方、先ほど見たように、「腕で考える動物」といわれるタコは、8本の腕をさまざまな形で動かすことができる。

水槽でタコを飼育して間近に見ていると、とにかく腕をよく動かしている。同じように水槽でイカを飼育してみると、意外にも腕をのべつ幕なしで動かすということがない。むしろ、10本の腕は普段はまとめられており、餌を捕獲したり、雌と雄が交接したりという、特定の場面で伸縮したり、パッと広げられたりする。同じ頭足類でも腕の使い方という点ではタコとイカはずいぶんと異なっている。

タコの腕にはものを感じ味わう機能、つまり触覚と味覚もある。これらの感覚に関わるのは吸盤に分布する受容体細胞であることも既に紹介した。これらの感覚も視覚に劣らず優れており、腕で触ることで表面の凹凸のような物の形状を識別することができる（第1章図1-24）。

また、吸盤で感知する味覚については、酸味や苦味、甘味に対してヒトの千倍の感度をもつという見積もりがチチュウカイマダコで報告されている。これは特定の条件の学習実験から割り出したものなので、ヒトや他の動物との直接的な比較は慎重を期すべきであるが、味覚も相当程度に優れているようである。タコは感覚情報により世界をどのように認知しているのか。複数ある感覚への依存度合いという問題は、意外なところから示された。

筆者が主宰する研究室では、沖縄周辺の海、つまり熱帯海洋に暮らすタコ類を対象として学習能力を調べる研究を二〇一三年から始めた。

タコが学習をすることは以前から分かっていた。前掲のJ・Z・ヤング博士らがシリーズ化された研究を展開し、視覚学習や触覚学習など多くのことがわかった。さらには、フィオリト博士らにより、観察学習というかなり高度な学習を行えることも報じられた。「タコは知的」とのイメージは今や不動のものである。ただ、これらの研究の多くはチチュウカイマダコを対象に調べられたものであった。その理由は簡単で、研究の舞台となったナポリのアントン・ドールン臨海実験所が地中海に面しており、チチュウカイマダコの入手が容易だったからである。

それまでチチュウカイマダコは、日本も含めて全世界に分布するコスモポリタンとされていた。しかし、既に紹介したように、日本のマダコと地中海のチチュウカイマダコは別種であることがわかった。世界の多所に分布するとされるチチュウカイマダコについても、今後精査が必要だろう。このように見ると、ヤング学派らの研究成果はチチュウカイマダコという一種類についてのものということになる。

一方、現生のタコ類は250種ほどいる。これらのタコも同じように学習するのだろうか。生物学では多様性に注目するのが常だ。タコと一口に言っても、生息場所も違えば形態も細かく異なっている。学習という行動にも違いがあるかもしれない。

海洋研究開発機構などの研究グループが二〇一〇年に報告したところによれば、日本周辺の海は面積でいうと全世界の海洋の1％にも満たないが、地球上の全海洋生物の15％もの種が生息する多様な海である。このうち、最も種数が多いのが軟体動物門、つまりタコが所属するグループだ。日本近海にはおよそ50種のタコ類が生息しているが、琉球列島周辺にはこのうち20種近くが分布している。タコという点でも沖縄の海は多様であり、タコの行動の多様性を見るには適した場といえる。さらに、沖縄の海にはサンゴ礁など複雑な海中景観があり、多様な魚類、甲殻類、貝類などが暮らす生物多様性の高い場でもある。このような、多くの環境情報がある場所のタコは、そうではない場所のタコに比べて、行動に違いが見られるかもしれない。

学習についてもそのようなことが考えられる。そもそも、チチュウカイマダコ以外のタコについては、学習についての知見がとても少ない。それならば調べてみよう。これが、私の研究室が熱帯性タコ類の学習研究に着手した背景である。

筆者らが行った学習研究では、定番のオペラント条件づけを用いた。既に紹介したように、オペラント条件づけは本来その動物にとって意味のない刺激を餌の報酬と関連づけさせるというもので、タコ以外の動物の学習研究で多用されている。以下はその学習実験である。

沖縄本島沿岸でよく見かけるウデナガカクレダコ（図3-10）を実験対象にしたところ、本種はボールのような図形を学習し、提示されれば触るということを覚えた。ウデナガカクレダコは東南アジアの海にも生息し、インドネシア沿岸では本種の二足歩行が米国のクリスティーヌ・ハッファード博士により観察され、『サイエンス』誌に二〇〇五年に報じられている。二足歩行という、タコとしては奇抜《きばつ》な行動からして、熱帯に暮らすタコには特異性が予見される。

ウデナガカクレダコは立体の十字（三次元図形）、薄いシートに描かれた十字（二次元図形）、さらにはコンピュータースクリーンに映じた十字（仮想図形）を学習し、触るという行動を示す（図3-11）。つまり、視覚的に異なる次元にある図形を認知できる。この場合は、十字という形をその次元を超えて学習できているといえる。

ただ、この学習実験の過程で奇妙な現象が見られた。十字図形のオペラント条件づけは、立体の十字を学習できたらシートに描かれた十字へ移行し、これを学習できたらコンピュータースクリーンに映ずる十字へ移行するという具合に、段階的に進めた。

このような学習プロセスを経ると、タコはコンピュータースクリーンに映じる十字図形を触ることができた。つまり、三次元から二次元へ、二次元から仮想へと、十字という形は同じであるものの立体性の次元が異なるものへと対象を変えても学習できたわけである。

一方、立体の十字、薄いシートに描かれた十字という課題を経ずに、最初からコンピューターースクリーンに映じた十字を学習させようとすると、学習成績は明瞭に低下し、学習基準に達しなかった。三次元や二次元の図形での学習経験なしに、仮想図形を学習することはタコにはできなかったのである。

立体の十字図形と薄いシートに描かれた十字図形、これらとコンピューターースクリーンに映じた十字図形との違いは何か。それは提示された図形を触ることができるか、できないかという点である。三種類の提示図形はいずれも十字形であり、タコは視覚的にこれを認知できる（図3-11、3-12）。

触覚はどうだろうか。立体十字図形と薄いシートに描かれた平面十字図形はいずれも水槽内で提示し、タコがこれらを触覚的に認知することができるように訓練した（図3-11、3-12）。

これに対し、コンピューターースクリーンに映じた十字図形をタコは触ることができない。何

図3-10　ウデナガカクレダコ *Abdopus aculeatus*（撮影　川島菫博士）

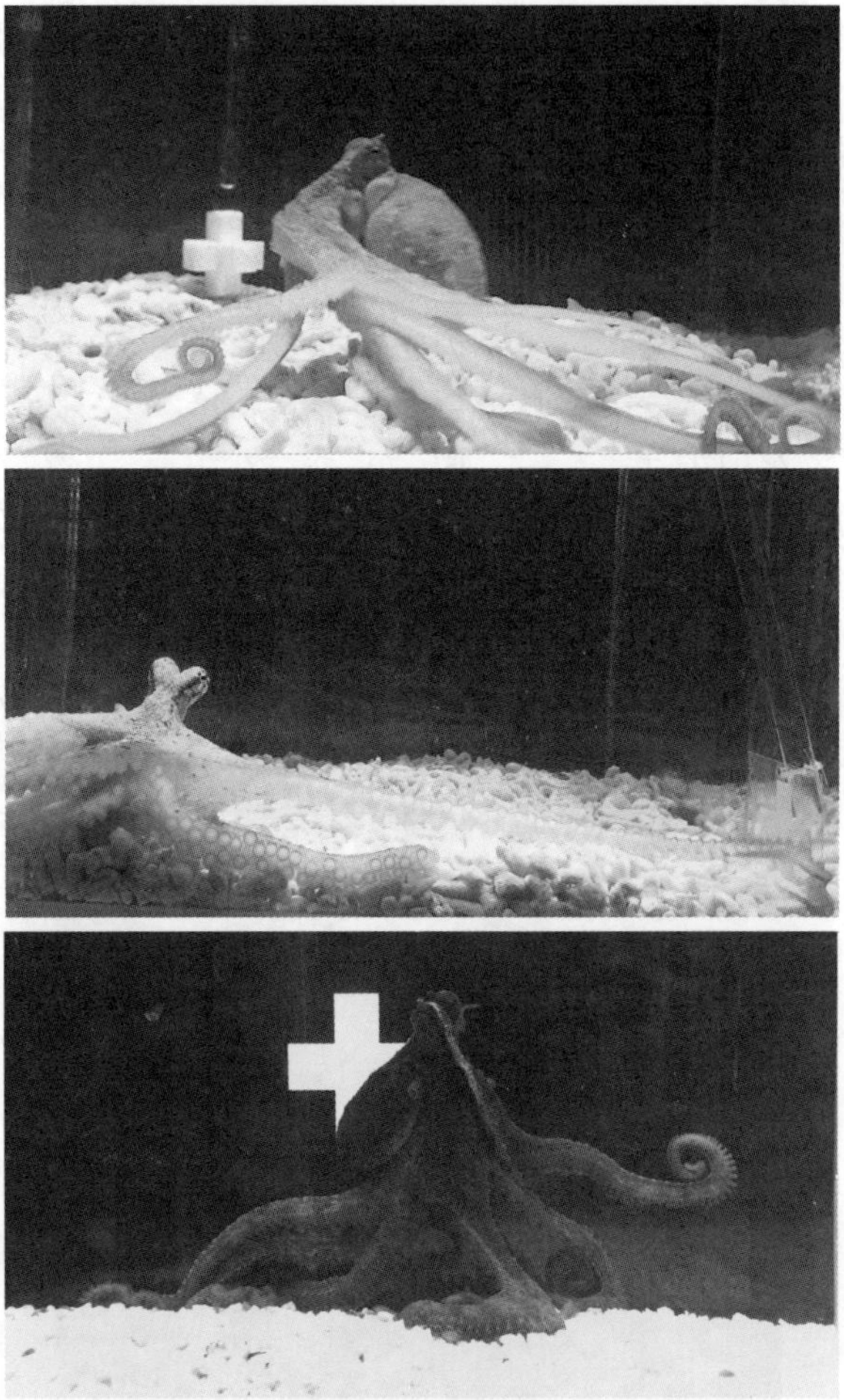

図3-11　ウデナガカクレダコのオペラント条件づけ学習。上）立体十字図形に触ろうとするタコ、中）薄いシートに描かれた十字図形に触ろうとするタコ、下）コンピュータースクリーンに映ずる十字図形に触ろうとするタコ。（撮影　川島董博士）

故なら、コンピューターースクリーンはタコが入っている透明アクリル水槽壁の外側に提示したからだ。この場合、十字図形が映じているところを水槽壁を介して触れれば正解である。正解の場合でも、タコが触るのは水槽の壁である。ということは、タコは十字図形に関する触覚的な情報を得ることはできないということだ（図3-11、図3-12）。

このような特性をもつ仮想図形をいきなり見せられたタコは、それ（実際には図形が映じているコンピュータースクリーン前面の水槽壁面）を触ることを学習できなかった。このことは、タコは新規の図形を学習する際、それを見るだけではなく触らないと学習できない、その形を認識できないことを示唆している。

つまり、タコが物体を認識する際には、それに触り、触覚情報を得ることが必要であると考えられる。これらのことは、オペラント条件づけが可能という事実と合わせて、実験を主導した大学院生の川島菫《かわしますみれ》氏（現琉球大学博士研究員）が筆頭著者の原著論文として、『バイオロジカル・ブレティン』誌に二〇二〇年に発表した。

同様の現象はヒラオリダコ（第1章図1-5中）でも確認された。どうやら、触らないとモノを認識できないという特性はウデナガカクレダコに特異的というわけではなく、広く多くのタコに共通する特性との可能性が考えられる。ヒラオリダコの結果についても、川島菫氏を筆頭著者として『ズーオロジカル・サイエンス』誌に二〇二一年に論文を報じた（ちなみに、この論文は掲載号の表紙を飾った）。

ところで、前述の立体十字図形には顕著な凹凸があり、十字形の特徴を立体的に感知することができる（図3-12）。一方、平面十字図形は四角いシートに十字が描かれているものなので、タコが触るのはこの四角いシートということで、これ自体に十字という形の特徴は含まれていない（図3-12）。この点だけを見ると、平面十字図形は十字という形の特徴を欠くコンピュータースクリーン上に映じた十字図形と同類のように見える。ただ、両者が大きく違うのは、平面十字図形は触ることができたが、仮想図形は触ることができなかったという点である。

ここで、触るというのは、対象物を腕で抱え込む掌握という行動も含まれる。立体の十字であっても、十字が描かれた薄いシートであっても、タコはそれらをグッと掴《つか》むことができるのだ。これに対し、仮想図形を映した水槽壁は掴み、抱え込むことができない。つまり、仮想十字図形に比べて立体十字図形、平面十字図形では、タコはより多くの触覚的な刺激を得ることができるということである。

タコは十字形という映像的な情報を眼で見て、その対象を腕で触り、

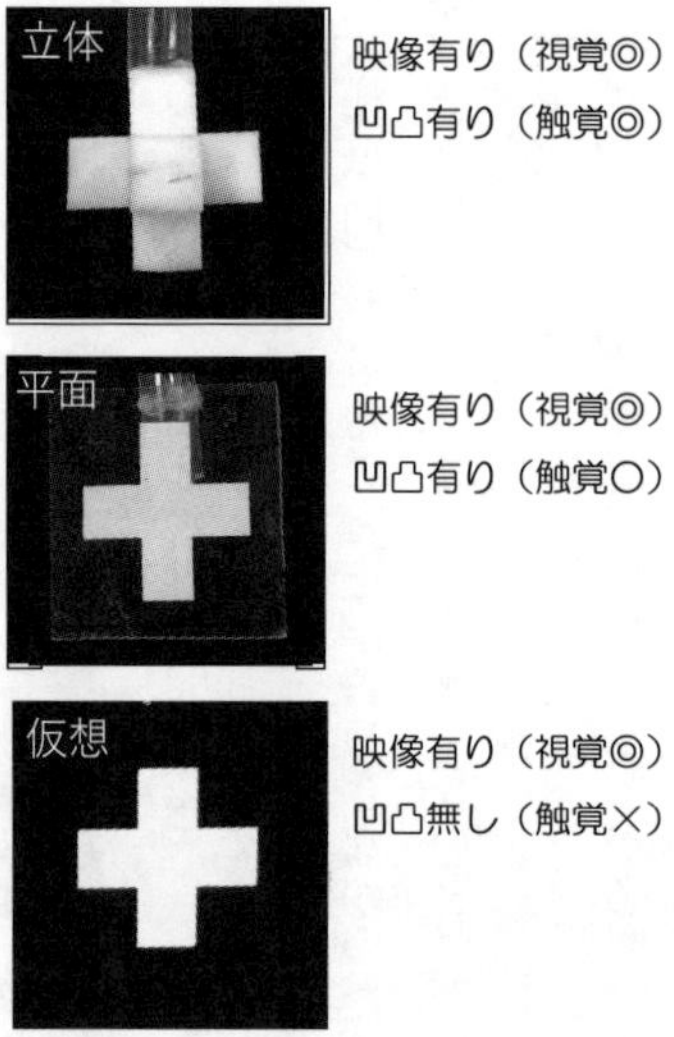

図3-12　熱帯性タコ類のオペラント条件づけに用いた提示刺激とその感覚情報。

掌握して触覚的刺激を得ることで、より印象的にその対象を認知することができるのではないか。複数の感覚情報の入力が対象の認知に促進的に働くとの考えである。

タコにとって触覚は重要な情報のようである。では、触覚と視覚、どちらにより多く頼って生活しているのだろうか。この点について、前掲の川島氏はタコが嗜好《しこう》するカニをモデルとした巧妙な実験を行なった。

タコは目の前にカニがいれば餌として攻撃する。これは自然に引き起こされる行動で、いわばカニはタコの攻撃行動を引き出す刺激と言える。捕食のための攻撃行動は、タコがカニを眼で認識し、腕で捕まえて食べるという過程を経る。つまり、視覚と触覚の双方が関わる行動であるので、視覚あるいは触覚のいずれに強く依存するのかという問いを探る試験対象になると期待される。

そこで、川島氏は次の三種類のカニ模型を作成した（図3-13）。

第一に、本物のカニにそっくりな模型。第二に、本物そっくりの模型が透明樹脂に包埋《ほうまい》されたもの。第三に、体のアウトラインは本物そっくりであるが全体がツヤのない白色で不透明な模型。タコはこれらの模型をどのように認識するだろうか。

第一の本物そっくりのカニ模型は、見た目も触り心地もカニと認識されるだろう。

一方、第二の包埋模型は、初めに見たときにはカニだと認識されるだろうが、タコがこれを腕で触るとカニの感触はなく、模型を包埋している直方体の透明樹脂を感じることになる。つまり、カニについての視覚的情報と触覚的情報が一致しない。

さらに、第三の不透明模型は、最初に見たときにはカニとは認識できないが、タコがこれを腕で触るとカニの感触が得られる。これもカニについての視覚的情報と触覚的情報が一致しない。

ここで、包埋模型を本物そっくりの模型と同じように高い頻度で攻撃するなら、タコは獲物の視覚的な情報を優先して攻撃を仕掛けていると考えることができる。一方、もしも不透明模型を本物そっくりの模型と同じように高い頻度で攻撃するなら、タコは獲物の触覚的な情報を優先して攻撃を仕掛けていると考えることができる。

実験に際しては、これら三種類の模型に対するコントロール（対照）として、黒く不透明な直方形樹脂を提示した。これはタコにとって獲物でも何でもなく、特に興味をそそるものではない。このコントロール模型と比べて、前述の三種類の模型に対してより高い頻度で攻撃を仕掛けるなら、タコはこれらの模型に関心があると考えることができる。逆に、コントロール模型に対しても高い頻度で攻撃を仕掛けるなら、たとえタコが三種の模型に対して攻撃を仕掛けたとしても、それは目の前の物体に対して攻撃を仕掛けるという特性があり、特にカニやカニの要素を含むものだから攻撃したとは考えられない。

行動実験では、このように注目する事柄に生物学的な意味があるかどうかを判断するために、コントロールを必ず用意する。それがないと、得られた結果を正確には評価できないからである。

既に紹介した、川島氏が主導してウデナガカクレダコとヒラオリダコで行った一連の実験から、どうもタコは触らないと物体を認識できないという可能性が示唆された。これは、モニター画面に十字形を提示したものをいきなり見せた時の、学習成績の悪さによく現れていた。この点からすると、タコは餌生物がもつ感覚情報の中でも触覚に関する情報に大きく依存して知覚するのではないかと考えられる。

もしもそうであるならば、上述した三種のカニ模型について、本物そっくりの模型は最も高い頻度で攻撃され、その次に、カニの触覚情報のみをもつ不透明模型が高い頻度で攻撃され、それよりも低い頻度で、カニの視覚情報だけをもつ包埋模型が攻撃されると予測

図3-13　熱帯性タコ類の多感覚を検証する実験に用いた提示刺激。上：カニにそっくりの模型、中：カニにそっくりの模型を透明樹脂に包埋したもの、下：アウトラインはカニにそっくりで不透明な模型。

された。しかし、実験結果はこれとは少し異なるものであった。

まず、提示された三種の模型とコントロール模型に対して、ヒラオリダコは攻撃行動を示し、それらを触り、八腕に抱える行動を示した。ただ、複数の試行の中で、これらに触る割合はコントロールに比べて三種の模型に対する方が有意に高く、80％を超えた（図3-14上）。つまり、タコはこれら三種の模型に対して特別な興味を示したということで、おそらくそれは餌生物としての興味であろう。

さらに、三種の模型に対する攻撃行動を見ると、本物そっくりの模型と比べて、不透明模型に対する攻撃の割合は有意に低かった（図3-14上）。包埋模型も本物そっくりの模型と比べると、攻撃の割合はやや低い傾向にあったが、その差は統計的には有意なものではなかった。つまり、餌生物の触覚情報よりも視覚情報の方が優先され、知覚されているようなのだ。

このことは、提示された模型をタコがどのくらいの時間触っていたかというデータを見ると、より明確に表された。

タコは三種の模型をコントロール模型よりも有意に長く触り、三種の模型の中では本物そっくりの模型と包埋模型を不透明模型よりも有意に長く触っていた。また、包埋模型と不透明模型を比べると、前者の方を後者よりも有意に長く触っていた。タコは、視覚情報を優先して対象を知覚しているようである。タコの気持ちになって、ここで述べた結果を解釈してみると次のようになるだろう。

まず、本物そっくりのカニ模型が提示されると、好物の餌が目の前に現れたので捕食を試みる。これが、高い接触の割合に現れている。次に、包埋模型が提示されると、透明な樹脂の中にある本物そっくりの模型を見て、餌が目の前にあると認識して捕食を試みる。これも高い接触の割合に現れている。そして、不透明な模型が提示されると、アウトラインはカニであるが見た目がツヤのない白く不透明な物体であることから捕食をためらうのか、攻撃が少し減少する。そのことが本物そっくりの模型に比べて有意に低い接触の割合に現れている。また、コントロールの黒い直方体は餌でも何でもないので攻撃する度合いは顕著に減少し、接触の割合は三種のカニ模型と比べて有意に低くなっている。

提示されたのは模型であるが、タコはそれをカニだと認識して攻撃し、腕に抱えた。本物そっくりの模型に比べると、包埋模型は腕で抱えても四角く硬い外枠《そとわく》の樹脂を感じるだけである。確かに目の前に現れたのはカニだったのに、おかしい。そのように感じたのか、まもなくそれを腕から離した。

また、この包埋模型に比べて、不透明模型は見慣れたカニではなく初めて見るものである。しかし、捕獲して触ってみるとカニの形はしている。見た目と触った感じが一致しない。これはどういうことだろう。そんな感覚の不一致とも思える葛藤《かっとう》があったのかもしれない。そのため、この不透明模型を触り続けることはしなかったのだろう。

まずは眼で見て判断し、次に腕で触って判断する。そんなタコの感知のプロセスが示唆される実験結果である。また、この実験の結果は、タコが視覚と触覚という異なる感覚を

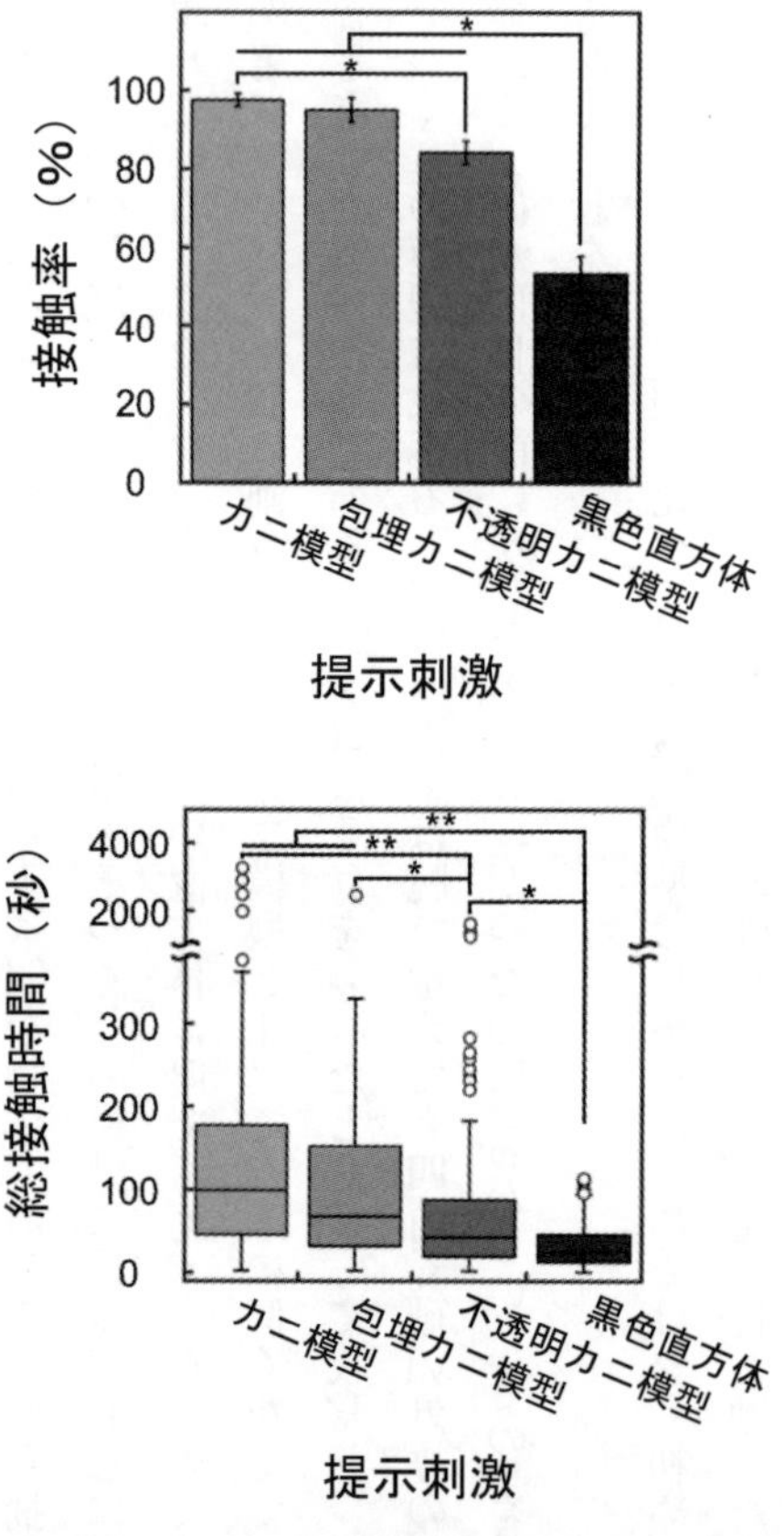

図3-14　四種の刺激（カニ模型、包埋カニ模型、不透明カニ模型、黒色直方体〔コントロール〕）に対するヒラオリダコの行動。上）全試行の中で刺激を触った割合（太棒は平均値、細棒は標準誤差を表す）、下）刺激を触っていた時間（太棒内の横線は中央値（50%）、太棒下は第一四分位点（25%）、下は第二四分位点（75%）、細線上は最大値、下は最小値、丸は外れ値を表す）。アスタリスクは統計的な有意差を示す（* $p < 0.05$, ** $p < 0.01$）。（Kawashima and Ikeda, Zoological Science, 38, 495-505, 2021 より転載）

用いて外界を認識していることを改めて示すものでもある。カニ模型を用いたヒラオリダコの研究成果は、川島氏と私の共著論文として『ズーオロジカル・サイエンス』誌に二〇二一年に発表した（ちなみに、この論文は二〇二二年度ズーオロジカル・サイエンス・アワードを授賞した）。

私たちヒトは複数の感覚を用いて、これら異なる感覚を単に受容するだけではなく、異なる感覚同士を結びつけるということも行っている。例えば、ラーメンを食べるとその味を堪能できるが、となりで誰かがラーメンを啜《すす》る音を耳にするとその味を感じて、思わず唾《つば》をゴクリと飲み込むなどということがある。聴覚情報から味覚情報を引き出したのだ。また、お菓子の袋に「このサクサク感がたまらない」などと印字してあると、思わずその味を想像してしまう。この場合は文字という視覚情報から味覚情報が引き出されたといえる。

このように、異なる感覚情報同士を交差させるように用いることを「クロスモーダル認知」という。クロスモーダル認知はヒトの専売特許ではなく、サルやチンパンジー、オウム、サカナ、あるいはミツバチなど広範な動物群で認められる。

ウデナガカクレダコとヒラオリダコについてこれまでに紹介した実験は、これらのタコでクロスモーダル認知があることを示唆しているといえる。十字図形という、自身にとって新規な物体を見て、触ることでこの物体を学んだ。これは視覚と触覚に基づくものである（あるいは、匂いも関与しているかもしれない）。

これはまた、タコの脳内に十字図形というモノのイメージができ上がる過程ともいえるだろう。そのため、コンピューターースクリーンに映し出された十字図形というバーチャルなものに対しても、タコはリアルな十字図形に対するのと同じように振る舞い、触りに行ったと考えられる。

ところで、十字図形とカニ模型の実験から導かれた解釈は微妙に異なっていることに気づく。十字図形の実験では、タコはその対象に触らないとそれを認識できないという、触覚優位の解釈を加えた。これに対し、カニ模型の実験では、触覚情報より視覚情報を優先しているという、視覚優位の解釈を加えた。この矛盾するように見える二つの解釈をどのように考えたら良いのだろうか。この二種類の実験の解釈には、それぞれの提示対象の特性を考えることが必要であると考えられる。

十字図形というのは抽象的なものであり、おそらくタコが自然界で経験することがなかった物体であろう。これに対して、カニはタコが普段から餌として捕食しているもので、幾多の遭遇経験があるものである。つまり、両者の間には見知らぬものとよく見知ったものという違いがある。それならば、それらに対する反応や認知の過程は違ってくることが考えられる。

見知らぬものの場合には、そのイメージの形成過程では触覚が大きく作用するのであろう。一方、既にイメージが形成された見知ったものの場合には、まず視覚によりそれを感知し、それを自身がもっているそのもののイメージと照らし合わせ、確かにそれだと認識するのであろう。目の前にあるカニは当然のことながらまず目に映像として飛び込んでくる。視覚情報が最初の情報となることは首肯できるところだ。

ただし、このような捉え方にはさらに注意が必要である。タコは餌生物を視認することなく捕獲することがあるからだ。例えば、索餌行動をするとき、腕を広げて海底の岩などを包むことがある。腕の間には傘膜があるので（第1章図1-10）、岩はタコにすっぽり覆われた形になる。タコは岩の下や隙間《すきま》に隠れているカニなどの餌生物を捕獲しようとしているのである。

この場合、タコは腕に触れた触覚情報に基づいてそれが餌生物であるか否かを判断していることになる。触れたものが自身のもつ餌生物のイメージと合致すれば、そのまま腕の付け根に位置する顎板（第1章図1-12）で獲物を食べるということになるだろう。つまり、既にイメージが形成されたものであっても、それを捕獲するのに最初に用いる感覚情報はタコがその時に置かれている状況に依存すると考えられる。

クロスモーダル認知は、タコが経験する感覚世界を示すものである。タコは私たちとよく似た精巧なレンズ眼をもっているが、必ずしもヒトと同じように多くの外界情報を視覚的なものとして捉えているとは限らない。モノに触ることで得られる触覚的なものとして世界を経験しているのかもしれない。

よく見れば、タコは海底で多くの時間を過ごす底生性の生き物であり、八腕で海底を這ったり、時に二足歩行したりという行動が見られる。この行動を通じて、多くの触覚情報を得ているのかもしれない。コウモリが超音波を発して暗闇の世界を音で認識するように、タコも私たちの想像を超えた世界を経験しているのだろう。クロスモーダル認知も含めて、タコが経験する感覚世界は今後研究の進展が期待されるホットな分野である。

単独性と社会性

タコを捕まえるのに蛸壺《たこつぼ》という素焼きの壺を用いることがある。今ではプラスチック製の壺が多いようだが、海底に仕掛けられた蛸壺1個にタコが1尾入っている（図3-15）。ここから転じて、蛸壺というと狭い自分だけの世界に閉じ籠《こも》るように喩《たと》えられる。このことはまた、タコの特性をよく言い表している。

動物の中には同種個体と集団を作る社会性の行動特性をもつものがいる。私たちヒトはその例である。対照的に、繁殖期など特定の時期を除き、同種個体とは距離を置き、自分一人だけで行動する単独性の行動特性を示す動物がいる。タコは単独性の動物で、まさに蛸壺に籠る特性がある。

同じ頭足類でも、スルメイカやヤリイカ、アオリイカといったツツイカ目のイカは、同種個体同士が

図3-15　蛸壺に入るタコ

集団で行動し、群れを作るので社会性である。

海底に暮らすタコは、孤独に、一匹狼ならぬ一匹ダコで行動する様がよく観察される。これまでの章で紹介したタコの渡りといった行動も単独での行動である。水槽でタコを飼育してみると、単独性の特性がたちまち現れる。

筆者はマダコを直径4メートルほどの大型円形水槽で飼育したことがある。その時は、巣となる壺（園芸用のストロベリーポット）を水槽に一定間隔で配置して、複数のマダコを収容した。壺の数はタコの個体数と一緒にしたが、タコは一つの壺に1尾ずつ入り、同一の壺に2尾以上が入ることはなかった。また、互いに接触したり、一緒に行動したりするということもなかった。他者には関心がない。いや、むしろ他者とは一緒にいたくない。そのような印象を強く与える光景であった。

しかし、そのイメージを変える事例が近年になって報告された。オーストラリアのシドニー近くに位置するジャーヴィス湾海底で、シドニーダコ（*Octopus tetricus*）という種が、狭いエリアに多く生息する場所が発見されたのだ。タコが密集するその場所には、タコが集めてきたと思われる二枚貝の貝殻が敷かれており、オクトポリス（タコ都市）というユニークな名が与えられた。

オクトポリスでは、シドニーダコ同士の活発な個体間相互交渉が観察された。オクトポリスに新規の個体が入ってくると、元々そこにいた個体が威嚇行動《いかくこうどう》を示す。シドニーダコの威嚇行動は、体全体をやや墨色がかった暗色にし、外套膜を縦長に変形させて仁王立ちのような姿勢をとるというものである。しかも、この姿勢を、海底が少し高くなった丘のような場所で行うので、他のタコから見ると実物以上に体が大きく見えるだろう。さらには、侵入者を追尾して追い払うような行動も見られる。それでいて、オクトポリスには多くのシドニーダコがおり、海底の穴から腕を覗かせている。こちらに対しては、威嚇行動も追い払う行動も行われない。

どうやら、見知らぬ個体は追い散らし、見知った個体同士は受容しているようだ。オクトポリスは複数のタコによりシェアされる縄張りとでもいおうか。オクトポリスという場所とそこでのシドニーダコの行動は、単独性というタコのイメージを一新するものであった。

オクトポリスで見られた個体間相互交渉は、威嚇などネガティブなものであるが、これは同種個体同士の間で展開される社会的行動の一つである。また、狭いエリアに同種のタコが生息していることは、お互いを受容している社会性の現れと見ることができる。

オクトポリスを舞台としたシドニーダコの行動は、アラスカ太平洋大学のデビッド・シール博士を筆頭著者として、二〇一六年に『カレント・バイオロジー』誌に報告された。この論文が契機となり、タコの社会性という観点に少しずつ関心が持たれるようになった。なお、この論文の共著者の一人であるシドニー大学のピーター・ゴドフリー＝スミス博士は、『タコの心身問題』（みすず書房）という一般書を著した。こちらは日本でもベストセラーとなり、日本人のタコへの関心を高めることに一役買ったように思われる。

オクトポリスは非常にユニークな発見であったが、実はこれと似た場所は別の場所でも既に発見されていた。それは、パナマ沿岸の海底に暮らすウデブトダコの仲間で、英語名をLarger Pacific Striped Octopusという種である。英語の頭文字をとってＬＰＳＯと表記される。もう少しくだけた英語名が「道化師ダコ」である。外套膜に太めの縞模様があり、それが道化師（ピエロ）を想像させる。まだ種名は同定されていない。ご記憶にあるかもしれないが、第2章の交接の箇所で触れたタコである。

道化師ダコは、1メートル間隔で位置する海底の狭いエリアに巣穴が点在し、40個体ほどが暮らしている。一つの巣穴を2個体が一緒に使うといった行動も見られる。

潜水観察によりこのタコを発見したのは、第2章で登場したスミソニアン熱帯研究所のアラディオ・ロダニーチェ氏で、同僚のマーティン・モイニハン博士と共著で一九八二年に発表した論文の中に記載している。ただ、この論文の主題はパナマに生息するアメリカアオリイカで、道化師ダコにはわずかな紙数が割かれているのみであった。

歳月が流れ、道化師ダコについては水槽内での長期観察が行われ、雌雄が腕を広げて口を接触させた形で行う、まるで接吻をしているようなユニークな交接行動が記録された。詳細がカリフォルニア大学バークレー校のロイ・コールドウェル博士、ロダニーチェ氏らの共著論文として『プロス・ワン』誌に報告されたことは既に第2章で紹介したところである。

シドニーダコ、道化師ダコともに、同種同士が近接し、相互作用し合うという社会性が見られる。これは、従来のタコのイメージとは異なるものである。そもそも、これまでのタコのイメージの多くは、地中海のチチュウカイマダコや北米東岸のミズダコという、研究が比較的多く行われてきた種をもとに形作られてきた感がある。特に前者については、天然環境でも観察例が多くあり、それはいずれも単独性を特徴づけるものであった。この点では、日本に生息するマダコも例外ではなく、マダコを採る漁業では蛸壷が使われ、1つの壺には1尾のタコがかかるのが常であり、単独性を強く印象づけてきた。

しかし、現生のタコは250種ほどいる。それらの中で、社会性や単独性という要素について変異があると想定することは、必ずしもおかしくはない。ただ、それを想起させるような事例が、タコについては非常に少なかったということだろう。また、タコの生物学的研究はある時点から欧州の研究者がリードしてきた歴史があるが、その主題は学習などの知的側面に注がれた。このことも、社会性が注目されなかった遠因となったのかもしれない。

タコの社会性について再考を促す要因は、沖縄の海にもあった。

ソデフリダコという小型のタコが新種として記載されたのは、二〇〇五年のことである。一九五〇年代からチチュウカイマダコで学習研究が進められてきたことを考えると、ソデフリダコはごく最近になって科学的に認知されたタコといえる。ソデフリダコは成体がヒトの手のひらに載るくらいのサイズで、傘膜が振袖のように見える可愛らしいタコである。このタコは琉球列島の沖縄本島沿岸で普通に見られる（第1章図1-10）。

ソデフリダコを水槽で飼育したところ、同種同士が密着する様子が見られ、とても驚いた。同種個体を排除するそれまでのタコのイメージとあまりにも異なっていたからである。それは、まるで子犬が互いにくっつき合っているような印象を与えた。

　このような同種との親和的な行動は、野外でも見ることができる。実験室で長期的に観察すると、ソデフリダコは明確な夜間活動性を示す。夜になると巣穴の植木鉢から出てきて、動き出すのだ。当時、私の研究室で卒業研究をしていた柳澤《やなぎさわ》涼子《りょうこ》氏（現沖縄県立海洋高校）による観察で、その詳細は『バイオロジカル・リズム・リサーチ』誌に二〇一八年に発表した。この実験から分かったように、ソデフリダコは夜に出歩くものたちであるので、彼らの行動を見るとなると夜の海を訪ねることになる。

　夜に沖縄本島の岩礁帯に出向くと、そこには、2個体のソデフリダコがおり、片方が動

図3-16　同種個体同士が接触するソデフリダコ。（撮影 川島菫博士）（口絵 p.8）

くともう片方も一緒に動き、接近し、接触するという光景が観察された（図3-16）。これは必ずしも雌雄の組み合わせというわけではなく、どうも同種に対する嗜好性が強いようで、それはこのタコの特徴であるようだ。ソデフリダコが高密度で生息する場所も、沖縄本島の岩礁帯で確認されている。豪州沿岸で発見されたオクトポリスは琉球列島沿岸にも存在しているのだ。

私のもとで卒業研究を行った木村太音《きむらたいね》氏は、沖縄本島沿岸で採集したソデフリダコを材料に以下のような行動実験を行った。

2個体のソデフリダコを水槽に入れて対面させた。すると、1個体が他方の個体に腕を伸ばしつつ接近する行動が見られた（図3-17上）。

同種同士を水槽内で対面させた際に、相手に接近したり、相手に腕を伸ばしたりという行動は、沖縄本島沿岸に生息するウデナガカクレダコについても観察される。こちらも、私の研究室で卒業研究を行った山口若菜《やまぐちわかな》氏による行動実験の成果で、2個体のウデナガカクレダコの間に透明な仕切りを置いて行動を詳細に分析したものである。ソデフリダコ、ウデナガカクレダコともに熱帯という多様性に富んだ海の浅場に生息するという共通点がある。

さて、木村氏はさらにソデフリダコにビデオを見せる実験を行った。

対象とする動物にビデオを見せて行動を調べる実験手法は、ビデオプレイバック法と呼ばれる。本物の動物を見せることが理想だが、実際に生きた動物を人為的な管理下に置い

図3-17　ソデフリダコの対面実験。上：同種他個体に接近するソデフリダコ、下：同種他個体のビデオ映像に腕を伸ばすソデフリダコ。（撮影　木村太音氏）

て他の動物に提示することは簡単ではない。また、実験者が思うような行動を、提示する動物が示すとは限らない。このようなとき、あらかじめビデオに収録しておいた映像であれば、実験者が見せたいと思う動物の特定の行動を対象の動物に提示することができる。

ここでは、あらかじめ録画したソデフリダコの映像を水槽内のソデフリダコに、端末機器の iPad を使って提示した。ソデフリダコはビデオ映像である同種他個体に対して頭部を向け、つまりはそちらを見て、腕を伸ばした（図3-17下）。映像の同種他個体にも興味があるようである。このことはまた、ソデフリダコがコンピュータースクリーンに映し出された同種他個体を、自分と同じタコだと認識しているらしいことを示している。なお、本章で既に紹介したように、ウデナガカクレダコとヒラオリダコはコンピュータースクリーン上の映像を視覚的に認識し、学習課題を解くことができる。ただし、この場合、学習課題として提示される図形など、特定の刺激をあらかじめ見て触るという経験が必要である。

この点をソデフリダコに当てはめると、実験に参加したソデフリダコは野外から採集したもので、卵から単独で隔離飼育したようなものではなく、同種他個体を見て触るという経験はしていると考えられる。そのため、二次元のビデオ映像を見ただけで、既に見て触れた経験のある同種の個体だと認識できたのだと思われる。ここに見られる同種他個体へのソデフリダコの行動は、言い方を変えれば同種を許容する程度が高いということである。これは社会的許容性というもので、動物の社会性を考える上で一つの指標となる。

ソデフリダコが同種に対して寛容、宥和的《ゆうわてき》であることは、海洋生物研究所（米国）のエリック・エドシンガー博士らが、飼育下で観察している。

エドシンガー博士らは沖縄本島沿岸で採集したソデフリダコを、小さな植木鉢を巣として水槽に入れ、それを複数のソデフリダコが共有するかを指標に社会的許容性を評価した。それによれば、2個体のソデフリダコが一つの巣を共有するなど、社会的許容性を示す数値が得られた。一方で、雄同士は反駁《はんばく》し合うなど、非社会的と思われる結果も得られている。これらの研究成果は二〇二〇年に『プロス・ワン』誌に発表された。

巣の共有は他のタコでも観察されている。*Octopus briareus* というマダコ属のタコで、興味深い行動が見られている。このタコはバハマのエルーセラ島にあるアンキアライン湖（図3-18）に生息している。アンキアライン湖は、地下の水脈で近くの海とつながっている湖または池で、海水の出入りがある。ここに *Octopus briareus* が生息している。

エセックス大学（英国）のダンカン・オブライエン博士らは、ポリ塩化ビニール製の円筒四本を連結したものを巣として海水湖《かいすいこ》に設置し、*Octopus briareus* の利用状況を調査した。それによれば、一つの筒を複数のタコが共有する

図3-18　アンキアライン湖 ©shane Gross

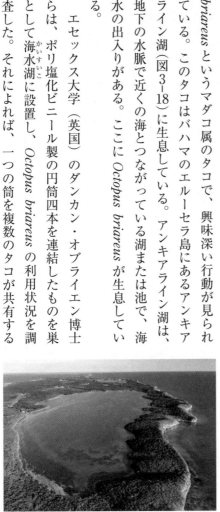

様子は観察されなかったものの、連結された隣り合う筒を2個体のタコがそれぞれ利用する様子は観察された。同じ筒の中に2個体が入っているわけではないが、近接した状態で巣にいたということである。この研究成果は、二〇二一年に『マリン・バイオロジー』誌に発表された。

さらに、似たような観察は日本のマダコでも見られている。東海大学の鈴村優太《すずむらゆうた》氏らは、ポリ塩化ビニールの平板《へいばん》を、一定間隔をあけて連結したシェルターとして水槽に設置し、マダコの行動を観察した。

多くの場合、マダコの巣というと蛸壷を想像するが、蛸壷を水槽に入れてマダコを飼育すると、壷内の水の循環が悪く、タコが壷の中で死亡するという事例も起こる。また、仮にタコが死亡していても、壷の中にいるために飼育者がそのことに気づかないということもある。

そこで、間隔をあけた平板をシェルターとして利用しようというアイディアが湧出した。その有効性を検証するのがこの実験である。実験の目的は、平板同士の間隔をどのくらいにするのが良いか検証しようというものであるが、この実験で興味深いのは、一つのシェルター、つまり2枚の平板の間にできた隙間を2個体のマダコが同時に利用する様子が見られた点である。平板はさほど大きなものではないので、マダコは互いにかなり近接している。つまり、社会的許容性があるといえる。

マダコは「蛸壷に籠る」の主役であり、非社会的な種と位置づけられてきたが、シェルター利用の様子からは、むしろ社会的と見える。この研究は、二〇二二年に『フィッシャリーズ・サイエンス』誌に発表された。

では、マダコと*Octopus briareus*は社会性のあるタコということになるのだろうか。実は、*Octopus briareus*については、アンキアライン湖に多数の個体が生息しているという話がかねてよりあった。これについて、前掲のオブライエン博士らがアンキアライン湖で*Octopus briareus*の生息数を実際に調査してみると、900平方メートル当たり0・630個体という結果であった。ここ30年ほどのアンキアライン湖への人間活動の影響も考えられるが、この数字からは海水湖に*Octopus briareus*が高密度に分布しているとはいえない。こちらの成果は、二〇二〇年に『ジャーナル・オブ・マリン・バイオロジー・アンド・エコロジー』誌に発表された。

つまり、*Octopus briareus*というタコに社会性を強く窺わせるような知見はそれまでになかったにもかかわらず、*Octopus briareus*にしてもマダコにしても、同種同士が巣を近接して利用する様子が観察されている。このことは二つの可能性を示唆しているように思う。

一つは、非社会性の動物であっても、近接した状態で巣を利用するということがあり、巣の利用という点については例外的に同種個体を許容するという可能性。もう一つは、非社会性と考えられてきたタコについて、実は同種を受け入れる許容性があり、潜在的には社会性という特性があるという可能性である。

そのように考えると、前に紹介したソデフリダコに見られた巣の共有という行動も、社会的許容性の現れなのか、その中でもやや例外的な事象なのか、あるいはストレートに社会性を現すものなのか、少し慎重に検討する必要があるだろう。

環境エンリッチメント

タコの社会性を考える上で、その生息環境も重要な要因として関わっているようである。環境エンリッチメントは、飼育動物の自然な行動を引き出すための措置で、その動物の生息環境に近い状態を飼育下に再現するものである。

動物園では多くの動物たちはコンクリートでできた檻《おり》の中で飼育されている。これは来園者がその動物を見やすい配置であるが、その動物たちの故郷であるアフリカの草原やアジアの森は、決してコンクリートジャングルではない。木々が茂り、岩があり、土があるといった場所である。そのような自然環境に身を置いてこそ、動物たちは生き生きと本来の姿を現すのではないか。また、そのような環境を整備することは動物たちの幸福にも繋がるだろうとの考えが環境エンリッチメントである。

このような措置は行動展示と呼ばれ、それを実行した動物園として有名なのは北海道の旭山《あさひやま》動物園である。そこでは、トラが暮らすスペースには土が敷かれ、木が植えられ、大きな岩が置かれている。オランウータンが暮らすスペースには、屋外に大きなジャングルジムが設置され、屋内は非常に天井の高い空間になっている。「森の人」オランウータンは、そのほとんどを樹木の上で暮らしている。高い場所が彼らにとっては生活空間なのだ。旭山動物園ではそれを人工的に再現しているのだ。旭山動物園の意欲的な取り組みについては、『戦う動物園―旭山動物園と倒津の森公園の物語』（中央公論新社）に詳しい。

ここまで述べた環境エンリッチメントの例は陸に暮らす動物のものだが、海に暮らす動物にも当てはめることができる。

筆者のもとで大学院を修了した安室春彦《やすむろはるひこ》博士（現マリンピア神戸さかなの学校）は、学部時代の卒業研究としてヒラオリダコを対象に環境エンリッチメントの効果を調べた。

安室博士は、内部に何も配置しない貧相な環境の水槽、細かなサンゴ骨片《こっぺん》を底質《ていしつ》として配置した標準的な環境の水槽、底質に加え、岩や海草模型を配置した豊かな環境の水槽というように、異なる環境でタコを飼育して行動を観察して比較した。すると、タコは豊かな環境で飼育したときに、水槽の中をあちらこちらと動き回る探索行動を最も多く示した。また、表出されたボディパターンもこの時が多かった。環境が豊かになるとヒラオリダコの行動が活発化したのである。生育環境のもつ特性と動物の行動は密接に関係しているようだ。この研究成果は、二〇一一年に『マリン・アンド・フレッシュウォーター・ビヘイビアー・アンド・フィジオロジー』誌に掲載された。

前置きが長くなったが、実はこの環境エンリッチメントがタコの社会性に関係しているのではないかという知見がソデフリダコで得られた。

筆者のもとで卒業研究を行なった青木彩乃《あおきあやの》氏と諸見里真吏《もろみざとしんり》氏は、環境エンリッチメントとソデフリダコの社会性に関する行動実験を行なった。私たちのこれまでの観察から、野外でも室内でもソデフリダコが同種個体に対して強い嗜好性を示すことは分かっていた。このことについて、前掲の川島博士の、ソデフリダコは水槽やバケツの中で互いに接着するなど非常に緊密な行動を示すが、水槽に植木鉢など巣になるものを設置すると個体同士では接着しなくなるように見える、という興味深い観察結果がある。つまり、環境中に自分の家があれば、他個体とあまり関わらなくなるということである。川島博士が述べたことはあくまでも断片的な観察であり、定常的に起こるものかは分からない。ただ、考えを巡らすとありそうなものとも言える。

そもそも単独性とされるタコが互いに接着するというのは奇妙である。それは、野外から捕獲されてきて、水槽やバケツという、殺風景で身を隠すところがないという特殊な環境だから起こることではないか。つまり、そのような場所ではタコは不安であり、そのために互いに身を寄せ合って接着する。一種の防衛行動かもしれない。このことを確かめてみようというのが、前述の青木氏と諸見里氏の行動実験である。実験は次のようなものであった。

ソデフリダコを環境豊度《かんきょうほうど》が異なる水槽に収容して行動を観察した。ここでいう環境豊度とは、水槽内に石や塩ビ管を配置することで、それがより多く配置されているほど環境豊度が高いとした。つまり、環境中に存在する物を環境の豊かさの指標としたわけで、環境豊度は環境エンリッチメントを定量的に表したものである。

石や塩ビ管はタコが身を隠したり巣として利用したりすることができるもので、そのような物が多ければタコは心理的に安心する、つまりはエンリッチな環境と考えたのである。

なお、実験で用いた水槽の底面にはサンゴ骨片を敷き詰め、底質とした。タコは底生生物であり、海底には砂や小石、サンゴ骨片がある。それらを再現したのである。そのため、実験水槽はサンゴ骨片が敷かれた上に石や塩ビ管が複数置かれた状態ということになる。配置する石と塩ビ管の個数に応じて、それらが全くない場合は０パーセント環境、多く配置されている場合は60パーセント環境などとし、実験では四種の環境豊度を用意した。

このような水槽に複数のソデフリダコを一緒に収容し、個々の行動を観察した。また、ソデフリダコは蛍光イラストマーという染料で個体識別し、個体同士のやり取りも観察した。行動観察は夜間と昼間に行った。

私たちの当初の予測は、環境豊度が高いほどソデフリダコは同種個体と接触しなくなるというものであった。生息環境が豊かになったので不安も減って、個体同士が身を寄せ合う必要がなくなるからとの解釈である。何だか世知辛いようにも思えるが、そのような予測のもとにこの行動実験は組まれている。しかし、結果は意外なものであった。

ソデフリダコの同種への嗜好性の指標として、他個体に接触する回数を調べた。すると、接触回数は環境豊度が高くなるにつれて増加した。また、ソデフリダコが動いている時間、すなわち活動時間を調べると、これも環境豊度が高くなるほど長くなった。なお、ソデフリダコの活動時間は夜間の方が昼間よりも多く、昼間はほとんど動きが見られなかった。やはり夜行性の活動リズムを持つことを再現している。

どうやら、当初の予測とは正反対で、ソデフリダコはエンリッチな環境になるほど同種他個体とよく接触し、同種への嗜好性が行動として顕著に現れるようである。この結果の一つの解釈として、次のようなことが考えられる。

環境中に石や塩ビ管などのオブジェクトが多くあると、探索行動などソデフリダコの行動が多く表出されるようになる。これは、先に紹介したヒラオリダコでも確認されたもので、環境エンリッチメント効果と考えられる。巣から出て活発に行動していれば、同種他個体と遭遇する機会も増える。そのような時に同種他個体に接触するのだろう。つまり、行動が全体的に活発化したことで同種他個体に触れる機会も増加したとの考えである。

一方、この主客は逆に解釈することもできる。夜間に活動が活発化するのは、ソデフリダコが本来もっている活動リズムに依存するものだが、行動が活発化したとき、同種他個体との接触を好んで行う。それは、本種に社会性があり、もともと同種の他個体と関わりたという関係欲求があるからである。

これらの解釈のいずれが正しいのか、あるいはさらに別の理由があるのかは現時点では分からない。少なくとも、環境エンリッチメントがタコの社会的な側面に関係するらしいことはこの行動実験が物語っている。当初の予測とは異なる結果であったが、ここで紹介した行動実験はソデフリダコの社会性を改めて確認するものとなった。

実際の海は環境エンリッチメントという点では理想的な環境と考えられるので、ソデフリダコは自然下においても、いや、自然下においてこそ社会性を示していると考えられる。

先に紹介した、岩礁帯での接触行動（図3-16）はその最たるものであろう。

このことはまた、単独性とされてきたタコの、現生種２５０種あまりに目を向ければ、社会性という面について種間変異があることを如実に物語っている。

ソデフリダコという、琉球列島沿岸に暮らすタコに社会性が存在することは興味深い。おそらくそれは、熱帯海洋という、生物多様性が高く視覚的にも触覚的にも複雑な環境に身を置いていることと関係しているのだろう。

そのような環境では、外界から多様な情報が入り、それを処理する必要が生じる。単独でそれら情報を処理し対処するよりも、複数の個体で情報処理し、その得られたところを共有すれば効率的である。そして、それは生残をはかる上でも有利に働くだろう。

社会性の神経基盤

本来社会性を示さないタコに、人為的に社会性が誘発されることがある。

前掲のエリック・エディンガー博士とジョンズ・ホプキンス大学（米国）のグル・ドーレン博士は、カリフォルニアツースポットダコ（カリフォルニアイイダコ）を対象に薬理学的な実験を行った。このタコは先のソデフリダコとは異なり、同種同士が接着するなどの社会行動を示さず単独性である。

カリフォルニアツースポットダコに4-メチレンジオキシメタンフェタミン（ＭＤＭＡ）という薬品を投与すると、タコの行動が顕著に変化する。ＭＤＭＡは合成麻薬で、愛の薬

「エクスタシー」とも呼ばれるものである。

薬物投与前、カリフォルニアツースポットダコは近隣に同種他個体がいても特に関心を示すことがない。しかし、薬物投与後は、近隣にいる同種他個体に腕を伸ばし触ろうとする。これは薬物の効果で、いわばエクスタシーにより行動が活発化したと考えられる。

生体の様々な情報は神経細胞により伝達されるが、その伝達を担うのは神経伝達物質である。これは神経細胞の末端から放出され、シナプスを作り近接する神経細胞に受け取られ、それが情報として伝達される。

神経伝達物質の一つにセロトニンという物質があり、ヒトでは感情や気分のコントロールに関わることが知られている。神経から放出された神経伝達物質の量が多い時にそれを回収する物質もあり、その一つがセロトニントランスポーターである。これは過剰に放出されたセロトニンを回収する。

カリフォルニアツースポットダコに投与されたＭＤＭＡは、セロトニントランスポーターに結合する性質がある。そのため、セロトニンがより多く神経に伝達されることになり、活発な状態になったと考えられる。

エディンガー博士とドーレン博士は、セロトニントランスポーターをコードする特定の遺伝子、ＳＬＣ６Ａ４遺伝子がカリフォルニアツースポットダコにあることを突き止めている。これは普段は発現しない遺伝子なのかもしれないが、ＭＤＭＡの投与によりスイッチが入り、発現したのかもしれない。

このことは、カリフォルニアツースポットダコという単独性の種にも、社会性という特性が潜在的には存在することを示唆しているともいえる。ここで紹介した薬物投与実験は、二〇一八年に『カレント・バイオロジー』誌に掲載された。麻薬をタコに投与するというラディカルな実験であるが、タコが動物実験の倫理対象とはなっていない米国が舞台であったからこそ、実施できた実験と言えるかもしれない。そして、セロトニンと関連した社会行動の誘導について、タコの社会性に関わる物質基盤は何かという問いに繋がる。

社会行動にしても繁殖行動にしても、そこには神経伝達物質やホルモンなどの物質が関わり、発現する。そして、そのような物質の働きを制御する器官として脳が挙げられる。例えば、ヒトでは平熱というものがあるが、これは周囲の温度が上昇したり低下したりするとそれに合わせて体温も上下動するわけではなく、一定の範囲に保たれることである。それは恒常性《こうじょうせい》、ホメオスタシスと言われ、その働きのセンターは間脳《かんのう》の視床下部《ししょうかぶ》という、脳の特定領域にある。恒常性だけではなく、見る、聴く、といった感覚情報の処理に関わる事柄も脳の特定領域が働いている。脳は行動発現の中枢として機能する特別な器官といえる。

タコには巨大な脳があり、それは30以上の脳葉という領域に区分できることを既に紹介した。同種他個体との接着という、社会性を伺わせる行動を見せるソデフリダコの脳を観察すると特徴的な所見が窺える。

既に紹介したように、垂直葉とその近隣にある副垂直葉などの領域は学習と記憶、特に視覚的な学習に関わることが知られている。これはチチュウカイマダコで調べられたもので、垂直葉を摘出したタコでは学習の成績が明確に悪くなることで検証された。これは、ケンブリッジ大学のマーティン・ウェルズ博士らがナポリのアントン・ドールン臨海実験所で一九六〇年代に行った一連の実験の成果だが、脳の一部を切り出したタコを生かしたまま実験する外科的手技という、高等テクニックを使った実験により行われたことも既に述べた。

垂直葉や副垂直葉という垂直葉複合体が学習と記憶に関わることをふまえ、ソデフリダコの垂直葉複合体をチチュウカイマダコと比較すると顕著に大きいことが分かった。チチュウカイマダコの方がソデフリダコよりも体がかなり大きいので、脳（この場合は脳の中央部分）の実サイズもチチュウカイマダコの方がソデフリダコよりもかなり大きい。そこで両者を同じスケールで比較する。つまり、脳全体の大きさを同じに揃えて比較すると、垂直葉複合体が脳全体に占める割合はソデフリダコの方がチチュウカイマダコよりかなり大きいことがわかる。

このことの意味はすぐにはわからないが、視覚的な学習に関わる脳の領域が相対的に大きいということは、ソデフリダコでは見て覚えるという行動が重要であることを示唆している。これは、同種他個体を認識するということと関連しているのかもしれない。また、このように相対的に大きな垂直葉複合体の脳というのは、アオリイカやトラフコウイカの脳にも見ることができる。

アオリイカはツツイカ目というグループに所属しており、大小規模の群れを作ることで知られる。つまり、社会性を示す種である。私の研究室ではアオリイカについても社会性の観点から研究しているが、本種は相当程度に発達した社会性をもつようである。

また、トラフコウイカはコウイカ目という底生性を示すグループに所属するイカで、外套膜に炭酸カルシウム結晶の甲を持つことが特徴である。コウイカ目は社会性があまり発達していないとされてきたが、近年の研究から実は社会性があることが分かってきた。

例えば、私たちは、コブシメというコウイカ目の種が若齢期に群れを作ることを琉球列島沿岸で観察した。これはコウイカ目の群れ行動を初めて報告した例で、前掲の安室博士を筆頭著者として二〇一五年に『マリン・バイオロジー』誌に論文が掲載された。

また、室内実験によれば、トラフコウイカ同士を水槽内で対面させると、目の前の同種他個体に関心を示し、接近してボディパターンを発するという行動が見られる。従来考えられていたこととは異なり、コウイカ目にも社会性があると言える。

このように、社会性が認められるイカの脳では垂直葉複合体の占める割合が大きく、ソデフリダコのそれもこれらイカの場合と似ているということである。

イカは視覚の動物とも呼ばれ、タコと同じ精巧なレンズ眼で視覚情報を処理する。おそらく、同種他個体のことを見て、認識し、それに基づきとるべき行動を選択しているのだろう。そのように考えると、ソデフリダコに見られる大きな垂直葉複合体は、本種の社会性を強く示唆するものと考えられる。ここに述べたソデフリダコの脳の研究は、進化発生学のエキスパートである大阪大学の滋野修一《しげのしゅういち》博士との共同研究で、これからより詳細に探索するべき課題である。

これまでタコの社会性を現すいくつかの事例を紹介してきたが、タコは単独性という従来の定説やイメージは、今後塗り替えられる可能性があると言えそうである。

既述したように、琉球列島沿岸の岩礁帯にはソデフリダコのオクトポリスがある。これは豪州で発見されたオクトポリスより大きなもので、干潮時にはアクセスが容易でソデフリダコを間近に観察できる。また、ソデフリダコという種自体がとてもユニークなタコとも言える。

日本周辺の海には全タコ種の2割強に相当する50種以上のタコが分布しており、タコのホットスポットと言える。よく見れば、そのうちの半数近くの種が琉球列島周辺の海に分布している。その点から、琉球列島周辺はタコのホットスポットの中心と言えるかもしれない。

そのようなタコの多様性が非常に高い場所は、タコの社会性の進化過程を探る上で理想的なフィールドと言えるだろう。私もそのフィールドで、タコの社会性を追究したいと考えている。

最終章となる次章では、タコと私たち人間との関わりについて、主に漁業という観点から見ることにする。

タコとイタリア紳士

チチュウカイマダコの観察学習というセンセーショナルな話を報じたグラティアーノ・フィオリト博士は、イタリア出身。私が初めてフィオリト博士と接したのは、20年以上前、前任地の理化学研究所脳科学総合研究センター（現脳神経科学研究センター）で研究員をしていたときであった。

当時、葉山で国際集会を開くことになり、そこで講演してくれる人を急ぎ探してほしいと上司に頼まれたのが契機だ。面識のないフィオリト博士に電子メールを送り、国際集会への招聘《しょうへい》を打診した。すぐに返事があった。しかしそれは、電子メールではなく国際電話であった。

「池田さん、イタリアから国際電話です。」

研究室の同僚にそう言われて電話に出ると、聞こえてきたのはフィオリト博士の肉声だった。

「せっかく招聘いただいたが、そちらに伺う日程が取れそうもない。代わりと言っては何だが、テレビ会議のシステムを使って当日イタリアから講演しようか？」

そういう提案をいただいた。今はスカイプやズームなどで遠隔地の人もライブで会議に参加することは珍しくはないが、二〇〇〇年を超えて間もない頃の日本ではテレビ会議は普及していなかった。

アクティビティの高い人だな。私は強くそう思った。いや、それ以前に、その人が電子メールに対して国際電話で返信してきたことに私はとても驚いた。

あなたの観察学習の研究には感動しました。私は受話器を介して伝えた。

フィオリト博士はやや神妙な口調で言われた。「ありがとう。」

時が過ぎて二〇一五年、函館で開催されたタコとイカの国際科学集会で、私はフィオリト博士に初めてお目にかかった。国際電話で受けたアクティブな印象とは少し違い、控えめな紳士に見えた。

函館の集会では、フィオリト博士が私の学生のポスター講演を聴いて下さった。当の学生にすれば、著名な研究者を前に随分と緊張しただろうが、私はフィオリト博士に自分たちの研究を紹介できることが嬉しかった。

地中海を望むナポリで、フィオリト博士は今もチチュウカイマダコの研究を続けている。

グラティアーノ・フィオリト博士（左）とタコの研究発表をした学生。
（2015年に函館で開催された国際科学集会にて）

第4章　タコと人

タコを獲る民

伊勢湾の小島を舞台とした三島由紀夫の小説『潮騒』には、タコ漁と主人公の久保新治《くぼしんじ》がタコ採りに勤しむシーンが描かれている。

> 航路の水深は八十尋《ひろ》から百尋であるのに、暗礁の上は十三尋から二十尋の余しかなかった。そしてその航路標識の浮標《ブイ》のあたりから、太平洋の方向へ無数の蛸壺《たこつぼ》が沈めてあった。
>
> 歌島の年間漁獲高の八割は蛸であった。十一月にはじまる蛸の漁期は、春の彼岸に開く槍烏賊《やりいか》の漁期を前に、すでにおわりに近づいていた。伊勢海《いせ》が寒いので、太平洋の深みへ寒を避けるいわゆる落蛸を、壺が待ちかまえていて捕える季節が終わったのである。
>
> 中略
>
> それぞれ百以上の蛸壺をつなぐロープは、幾列となく規則正しく海底に並んでいたが、ロープのところどころにつけられた多くの浮子《うき》は、潮の上げ下げに連れて揺れ動いた。

中略
上がった壺を、龍二は海のほうへ向けずに、舟の中へ向けて逆さにした。十吉は滑車の動きを止《と》め、新治ははじめて壺のほうをふりむいた。龍二は木の棒で壺のなかをつついた。なかなか出てこない。さらに壺を木の棒で掻《か》きまわされて、蛸は、不詳不承、昼寝の最中を起こされた人のように、全身を辷《すべ》り出してうずくまった。機関室の前の大生簀《おおがんこ》の蓋《ふた》が跳ねられ、今日の最初の収穫が、鈍い音を立ててその底へ雪崩《なだ》れ落ちた。

（三島由紀夫『潮騒』（新潮文庫）より一部抜粋）

小説の舞台となっている伊勢はタコの好漁場《こうぎょじょう》として知られる場所である。印象的な日本文学を生み出した三島由紀夫が、タコ漁に注目したことは興味深い。

この小説にも描かれているように、蛸壺漁はタコを獲る代表的な漁法である。これはタコが岩棚《いわだな》や貝殻のような空間に身を隠す習性を利用したもので、隠れ場所の少ない開かれた海底などでは、沈められた壺はタコにとって格好の住処となる。

タコを獲る漁法は蛸壺漁の他に、カゴ漁、トロール網漁がある。カゴはその名の通り、浮子を付けたカゴを海底に沈めるもので、タコはカゴの入口からカゴに入るが、いったん中に入ると外に出ることは容易ではない。

蛸壺漁やカゴ漁がタコを獲る事に特化した漁法であるのに対し、トロール網漁は海底付近に生息する生物を根こそぎ拐《さら》う漁で、海底付近に広げられた大型の網を船で曳航《えいこう》する漁法である。そのため、タコ以外のものも多くとられ、タコはそこに混獲されるものという方が良いだろう。これら以外に、海に潜ってヤスなどでタコを突く狩猟型の漁法もある。

複数あるタコ漁のうち、蛸壺漁はタコにも海にも負荷をかけない漁といわれる。蛸壺漁では空の壺を海底に設置するが、タコは壺を自由に出入りできる。壺に入ったまま外に出なかったタコが、いわば家ごと引き揚げられて獲られるわけである。ただ、漁獲を通じてタコが傷を負うことはないので、ストレスはかからない。

これに対してカゴ漁では、カゴが海の中で紛失することがあり、人為制御《じんいせいぎょ》を失ったカゴは海の中で罠のように作用する。このようなカゴにタコが入り、抜け出せず、さりとて人に引き揚げられることもなく死亡してしまう。これはゴーストフィッシング（幽霊漁業）として知られるもので、タコにとっては災難であるし、人間にすれば無為にタコを失うことになり不経済である。

また、海底を拐うトロール網漁は、海底を広範囲に傷つけることから、自然に優しくないものである。また、網の中で揉まれたタコは傷つき、ストレスを受けるので、タコにとっても優しくはない。このように比べると、蛸壺漁はとてもユニークな漁法といえる。

少し変わった漁法としては、囮《おとり》を用いてタコをおびき寄せるというものがある。これは私が暮らす沖縄で行われているもので、沖縄の言葉、ウチナーグチで「ンヌジベント」と呼ばれる漁法である。ンヌジベントは伝統漁法ともいえるもので、一種のレクリエーションとして行われているものである。

ンヌジベントは、釣り糸に一定間隔でイモガイなどの巻貝の殻とビーズを通したものが漁具で（図4-1上）、これをカウボーイの輪《わ》投《な》げの要領で投げ、海底を這わせつつ手繰り寄せる（図4-1下）。そうすると貝殻にタコが抱きつき、そのまま付いてくるので、それを手掴みで獲るというものである。おそらくンヌジベントでは、タコは身のない貝殻を生きた貝だと認識し、捕食を試みるのであろう。高度な学習ができるタコということからすると、これは矛盾した行動に見える。しかし、捕食行動のような生残に関わる行動は、特定の刺激があれば発現する定型的な行動だと考えられる。その時々にやり方を考えて対応したのでは餌に逃げられてしまう。そのため、決まったやり方で対処すると考えられる。

ンヌジベントに惹きつけられるタコの行動特性は、餌木《えぎ》という針のついた餌模型を使った漁であるイカ釣りにもいえる。イカは餌木という人工的な物体を餌として捕らえ、捕獲を試みるが、餌木を捕獲したら最後で、最終的には人間に捕獲されてしまう。この点について、私たちはトラフコウイカで行動実験を行なった。

それによると、トラフコウイカに横長のシルエットが斜め方向（45度）に動く映像を見せると、2本の触腕を伸長させてシルエットを捕捉しようとする。本来の餌ではない人工的なシルエットというバーチャルな刺激であっても、トラフコウイカはそれを捉えようとするのだ。これは、横長というフォルムと斜めに動くというダイナミクスが鍵刺激となって、誘発される定型的な行動と考えられる。

トラフコウイカのようなコウイカ目のイカは、孵化して間もない頃から成体と同じように2本の触腕を伸長させて餌を捕まえる捕食行動を示す。その点を考えると、このような捕食行動は生まれながらにして備わっている生得的《せいとくてき》な行動と思われる。タコがンヌジベントで貝殻に飛びついてしまうのも、おそらくは生得的な行動なのであろう。この点については、タコの感覚も含めて精査が必要である。

タコを獲る漁業は三島由紀夫の小説に登場した伊勢に限らない。伊勢からさらに西に位

図4-1　沖縄の伝統タコ漁で用いられるンヌジベント。上：釣り糸にイモガイ殻とビーズを通したもの（手で持つあたりは太めの糸になっている）、下：ンヌジベントを輪投げのように回して海中に投げ入れる。

置する兵庫県の明石《あかし》は、明石ダコとして知られるブランドダコ、マダコの産地であり、実際にマダコの漁獲高は大きい。瀬戸内海や、東北地方の太平洋側も大きな漁獲高を誇る。

また、世界最大のタコ、ミズダコは北海道が産地であり、ここでの漁獲高は日本の中では突出している。この事は本種が寒海性のタコであることを明瞭に映し出している。概して、東北から北海道の寒海ではミズダコが多く漁獲され、東北の太平洋側以南、中でも三重以西、関西、瀬戸内といった暖海ではマダコが多く漁獲されている。一方、日本海側におけるタコの漁獲量はとても少ない。

マダコとミズダコの他に日本のタコ漁の対象として主要なものには、小型のタコであるイイダコがある。さらに、ヤナギダコ、ワモンダコなども主要な対象といえる。このように述べると、タコは日本で非常に多く漁獲されているイメージが湧くかもしれない。実際に、日本各地でタコを目にすることがあるので、然《さ》もありなん、である。ただ、タコとイカを合わせた頭足類ということで見ると、漁獲量は圧倒的にイカが多い。中でも、筒状の形をしたツツイカ目の漁獲が多く、日本周辺ではスルメイカにそれを見ることができる。

スルメイカは一種当たりの個体数が非常に多く、少し前までは日本人が年間に消費する魚介類の中で第1位の座についていたイカである。これに比べると、タコの漁獲量は小さく、個体数も相対的には非常に少ないといえる。

タコは日本周辺の海にだけ生息する動物ではない。世界中の海洋に分布している。そして、そのことに対応するように、タコを獲る国も日本だけに限らない。

タコを漁獲する地域は、日本以外のアジア地域、豪州、ロシア、ヨーロッパ、アフリカ、南米、北米と、おおよそ世界の主要な地域を網羅《もうら》している。二〇一七年の世界食糧農業機構（FAO）の統計によれば、世界の漁獲量（漁船漁業）は約9千万トンで、このうち頭足類は約380万トン、さらにタコは頭足類の漁獲量のうちの1割弱である。

世界のタコの漁獲量は長期的に見ると微増しており、その原因としてタコの天敵となる魚類が漁獲されすぎたことが挙げられている。つまり、捕食の脅威が低減した分、漁獲される時点まで生き残るタコが増えたということである。この他に、新しいタコの漁場が開発されたことも一因として考えられる。

世界的に見て、漁業量の大きなタコは、マダコ *Octopus vulgaris*、英名でメキシコヨツメダコと称される *Octopus maya*。多くのタコが腕に2列の吸盤を配置するのに対して1列のみの吸盤を持つイチレッダコ *Eledone cirrhosa* である。ただし、このうちマダコとされているものは近年の研究から、複数の種を含んでいると考えられる。これは日本のマダコも同様で、既述したように日本でマダコとされてきたタコは実は地中海産のマダコ（チチュウカイマダコ）*O. vulgaris* とは別種の *O. sinensis* であることが報じられたことは既に述べた。

以下、ローズ大学（南アフリカ）のウォリック・ザウアー博士ら総勢48名の著者により二〇二一年に『レヴュース・イン・フィッシャリーズ・サイエンス・アンド・アクアカルチャー』誌に発表された大著、世界のタコ漁業に関する総説（オンライン版の発表は二〇一九年）をもとに、日本のタコ漁業について見てみる。

日本近海におけるタコ類の漁獲高の推移は、一八九四年から緩やかに上昇し、一九六〇年年代終わりに10万トンのピークを迎える（図4-2）。このような漁獲高の伸びには、タコ漁業に関わる漁船が増加したこと、漁法に改良や進展が見られたことが要因として挙げられる。その後は、4万トン～6万トンの間で推移しているが全体としては減少傾向で、殊に二〇〇〇年代以降は減少が顕著である（図4-2）。

日本でタコ漁が行われているのは、日本人がタコを食品として好む民族性があるからで、日本国内の消費が大きい故である。たこ焼きや寿司など日本における需要は大きい。実は、この需要は日本近海のタコ漁だけでは賄《まかな》いきれない。そのため、相当量を輸入している。その輸入量は二〇〇〇年代初頭には10万トンを超えていたが（図4-3）、こちらも、近年は減少傾向である。

内訳を見ると、二〇一七年では、全体で、2万3763トンの輸入のうち9千トン強をモロッコから、8千トン強をモーリタニアから、そして4千トン近くを中国から輸入している。アフリカは日本にとって有数のタコの仕入れ先なのである（図4-4）。量は少ないが、ギリシャ、ロシア、スペインからもそれぞれ5トン未満を輸入している。これらの国々から輸入しているタコの半分以上はチチュウカイマダコである。

日本近海において漁獲されるタコの国内生産について見ると、漁獲高の上からの主な構成員はミズダコとヤナギダコで、それ以外はイイダコやワモンダコなどその他のタコ類であり、マダコもその他のタコ類に含まれる（図4-3）。ミズダコは一種で高い漁獲量を示すが、このタコは世界最大級の種であり成体の平均体重は20キロもある。つまり、一個体の重量が大きい。その点も本種が大きな漁獲高を占めることに反映されているだろう。

国内生産量を示した図4-3を見ると、タコの漁獲量が今世紀に入ってから減少傾向にあることがわかる。日本のタコは減っているのだ。

日本における主要な漁業対象となっているヤナギダコ *Octopus conispadiceus* は、ミズダコと同じく寒海性の種で、北海道沿岸で多く漁獲される（図4-5）。ミズダコに比べると小ぶりで、最大で7キロほどの体重である。

北海道の地方名では、ミズダコを「オオダコ」、ヤナギダコを「コダコ」と称することがある。産卵後のヤナギダコの胚発生に要する期間は、10ヶ月とミズダコ同様に長いが、ミズダコとは異なり孵化稚

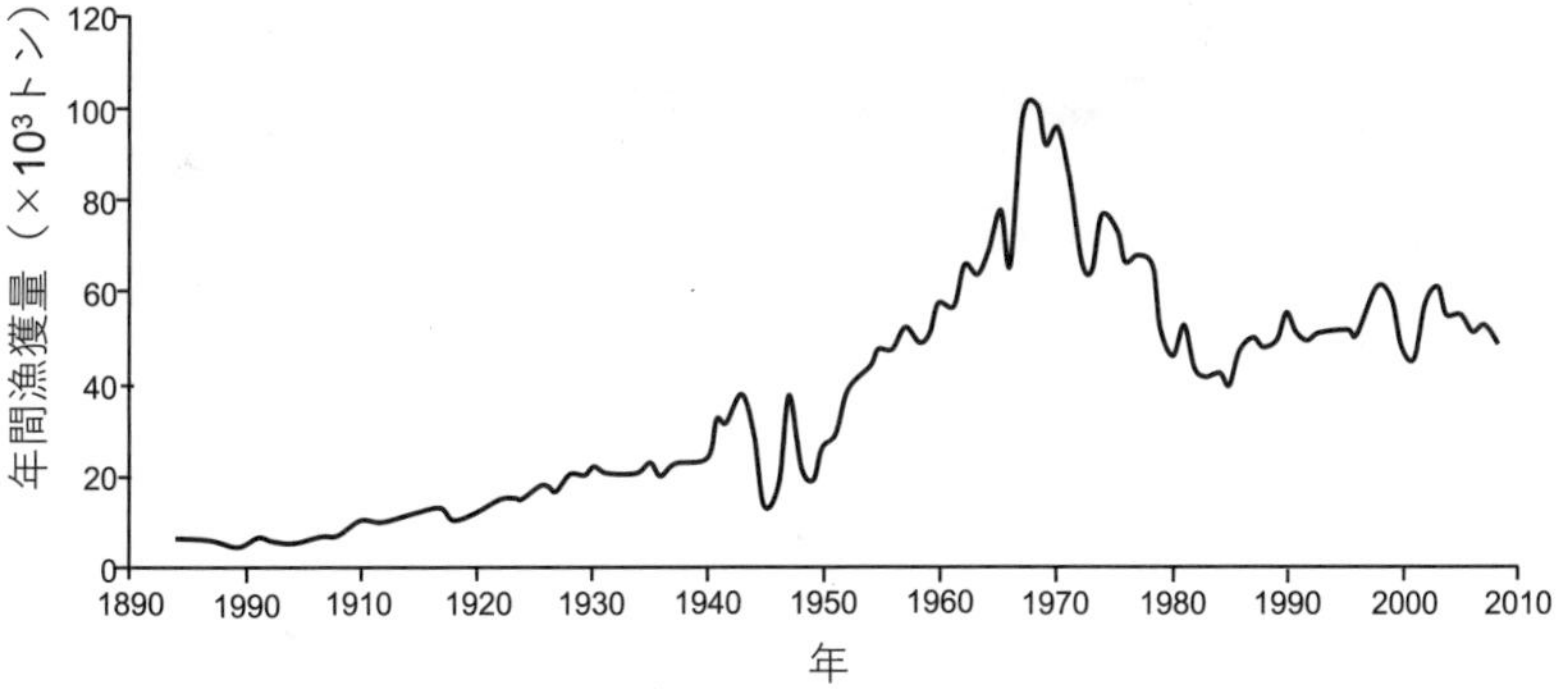

図4-2　日本近海におけるタコ類の年間漁獲量の推移。（Sauer et al., Reviews in Fisheries Science & Aquaculture, 29(3), 279-429, 2021をもとに作図）

仔は腕が長く、底生性を示す。

日本近海でのタコ漁業を概観すると、北海道周辺、本州以南では太平洋側で漁獲が多く、対照的に日本海側の漁獲は少ないことを既に述べた。ミズダコやヤナギダコなどの寒海性の種は北海道から東北での漁獲が大きいが、瀬戸内海などの閉じた水域ではほとんど漁獲が見られない。一方で、暖海性の種であるマダコやイイダコ、テナガダコは瀬戸内海で多く漁獲されている。

なお、沖縄県を擁する琉球列島周辺のタコは、日本本土近海に生息するものと種が大いに異なっている。例えば、沖縄ではマダコやイイダコ、テナガダコは見られない。代わりに、日本本土では見られないワモンダコの漁獲が見られる。

琉球列島周辺には20種近くのタコ類が

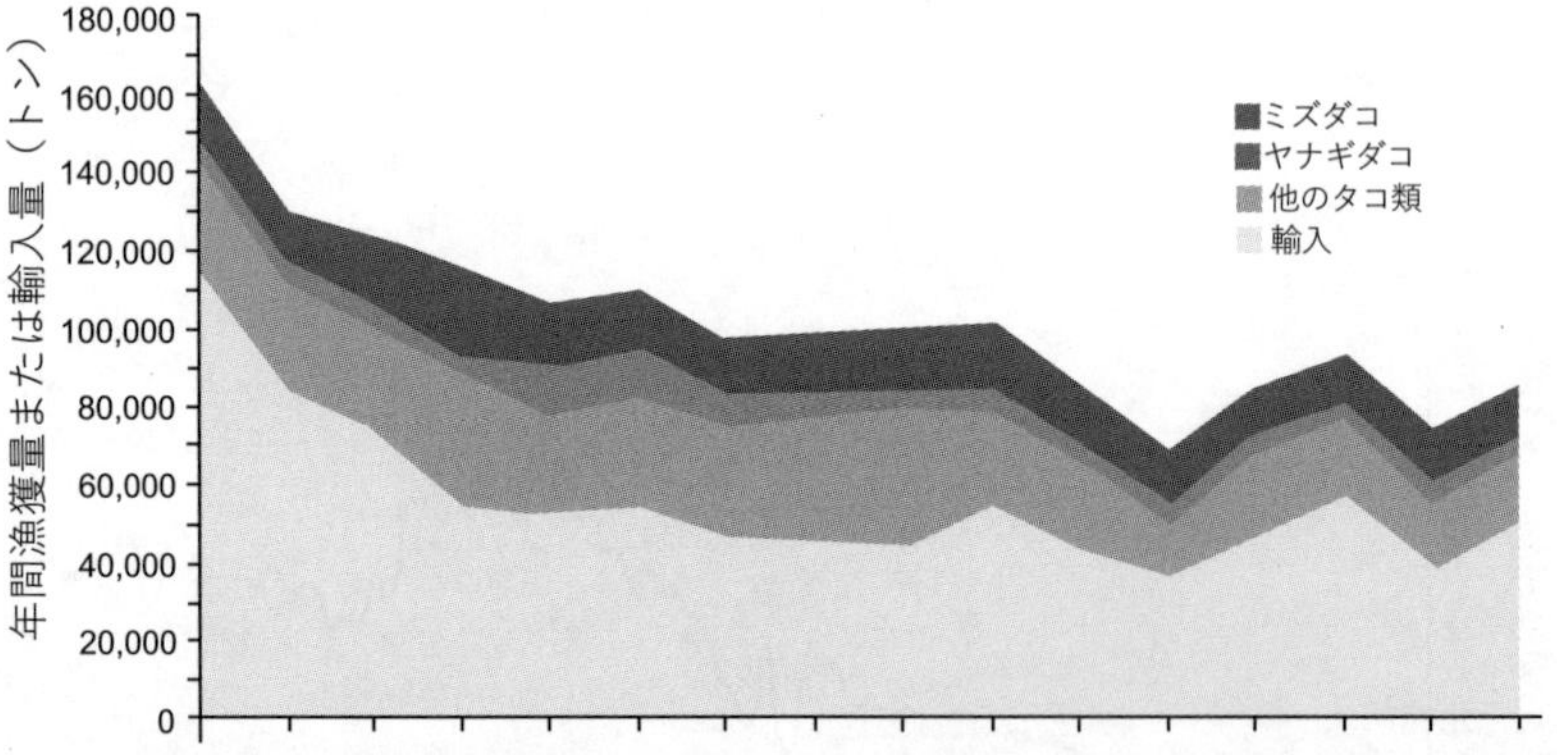

図4-3　日本におけるタコ類の国内生産量（漁業によるもの）と輸入量の推移。輸入量の半分は地中海産のマダコであり、国内生産量の多くはミズダコとヤナギダコに負っている。日本産のマダコはその他のタコ類に含まれる。（Sauer et al., Reviews in Fisheries Science & Aquaculture, 29(3), 279-429, 2021をもとに作図）

分布しており、日本近海としてはタコの多様性が非常に高い場所であることはこれまでにも触れた。海の区分でいうと熱帯となることから、沖縄のタコはむしろ東南アジアなどのタコ類と様相が似ていると言えるだろう。

　世界的に見れば、タコの漁獲量全体は増加傾向にあることを既に述べた。一方で、日本に目を転じると、タコの漁獲高は減少傾向にある。この原因は一概には特定できず、さらに長期的なモニターが必要であろう。

　一方、至近的に憂慮すべき問題もある。自然を相手にした狩猟型の漁業では、その収穫は自然任せになるが、近年世界的な問題となっている地球温暖化は海におけるタコの動態に少なからず影響を与えているかもしれない。

　水産業の対象となる生物の自然下での動向は本来予測が難しいものである。その点を考えると、人為的なコントロールのもとに安定した供給が期待

図4-4　日本産のタコと一緒に並べられたアフリカ産のタコ。（築地場外市場にて）

される。食料自給率が低い日本にとって、これは重要な課題といえるであろう。

現に日本はタコを海外から多く輸入しており、自国以外の資源に依存している。輸入ルートが何らかの理由で絶たれると、供給に深刻な影響を与えることになるだろう。

また、寿命が短く、基本的に繁殖機会が一回に限られるタコという生物は、遺伝子集団として見たときに非常に脆弱《ぜいじゃく》であり、強烈なインパクトを受けることで一つの種が容易に消滅することも考えらえる。実際に、日本の輸入元であるモロッコではタコが捕れなくなり、漁業者がストライキをするという深刻な事態が生じたこともある。タコという生き物は、忽然と姿を消してしまう危険性をはらんでいるともいえるのだ。このような事柄を考えると、同じ漁業でも人間の管理下にある養殖をタコで行うことが重要であり、ニーズが高くなる。

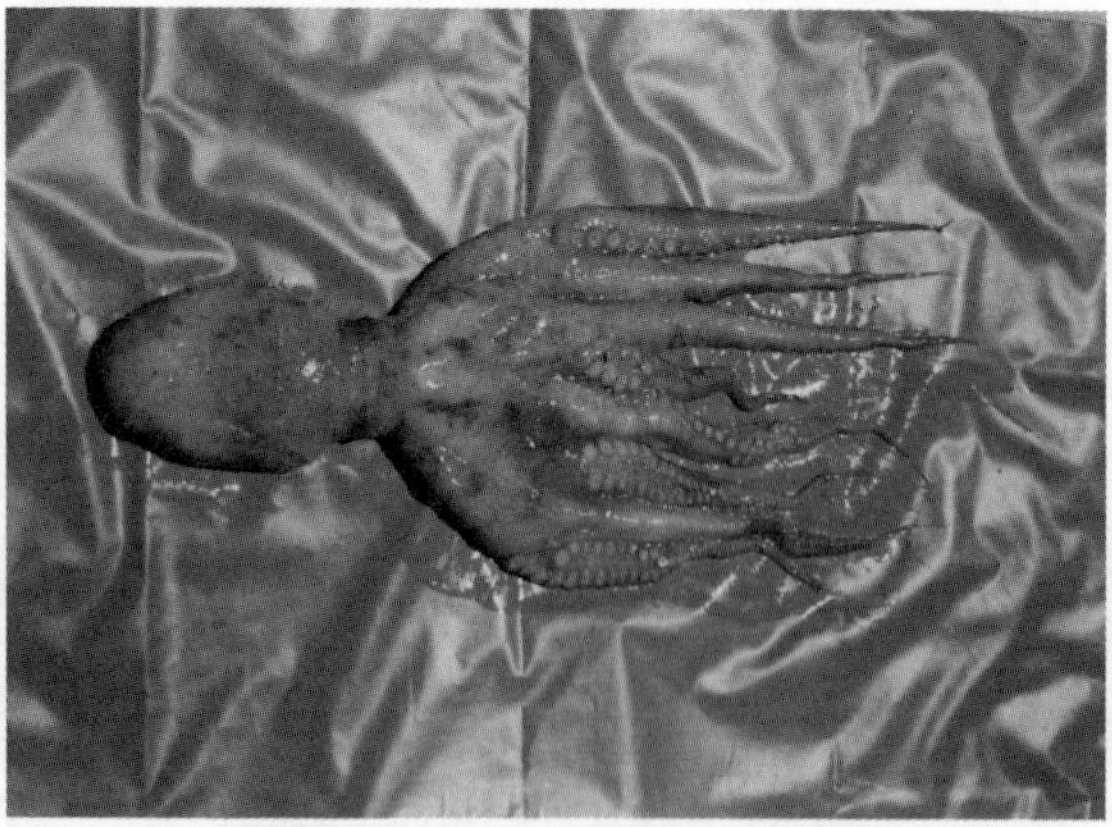

図4-5　ヤナギダコ（撮影　三橋正基氏）

次節ではタコの養殖について紹介しよう。

養殖への挑戦

意外なことに、タコの養殖は産業ベースでは実施されていない。その主な理由は二つあり、一つは多くの地域で海に行けば十分に漁獲することができること。もう一つは、技術的に難しいことである。前者、タコの漁獲量については日本周辺では減少傾向にあり、そのために養殖に目を向ける必要性を先述した。後者、養殖技術についてはタコという生き物について改めて眺めてみよう。

養殖と一口に言ってもそれには種類がある。一つは部分養殖、もう一つは完全養殖である。前者は、対象とする生物の生活史のうちのいずれかのフェーズを人為管理下に置くもので、例えばニホンウナギの養殖がこれに当たる。

ニホンウナギは、日本のはるか南、フィリピン東方のサルガッソー海で孵化した仔魚《しぎょ》が、レプトセファルスという木の葉のような形をした仔魚期を経て、シラスウナギに変態し、これが黒潮で運ばれて日本近海にやってくる。このシラスウナギを漁獲し、養殖場で大人まで育成して出荷するのがニホンウナギの養殖である。シラスウナギ期以降の生活史を人為管理下に置くので、これは部分養殖ということになる。

一方の完全養殖は、卵稚仔《らんちし》から成体に至るまでの全てのフェーズを人為管理下に置くもので、例えばマダイなどが完全養殖されている。ではタコはどうかというと、部分養殖も完全養殖も行われていない。

部分養殖を行うには、生活史のいずれかの段階にあるタコを捕獲し、これを人為管理下で育成するということになるが、ニホンウナギのシラスウナギ期に相当するような若齢段階のタコを捕獲すること自体が難しく、手間もかかる。単独性が強いタコを、体サイズが小さな段階で探して大量に捕まえることは難しいのだ。

さらに、卵稚仔の段階からタコを育成することも容易ではない。既に紹介したが、多くのタコは孵化直後にプランクトンとして過ごし、その後に海底に降りて着底し底生生活に入る。概して、プランクトンとして浮遊して過ごす時期のタコは非常に小さく遊泳力もほとんどない。そして、人為環境にとても弱い。

また、浮遊期のタコは天然での知見も少ないことから、何を食べているのかという点についても分からないことが多い。そのため、浮遊期のタコに適した餌の選定も若齢期のタコを育てる上での難点である。一方、着底した稚ダコは大人のタコと同じで、飼育環境には比較的強く餌もよく食べる（図4-6）。つまり、着底にまで到れば、その後の飼育については難易度が低くなる。つまるところ、タコの完全養殖を考えた場合、浮遊期のタコを育てることが難しく、それが養殖を阻む要因となっているのだ。

日本では一九六〇年代からタコの養殖についての研究が行われていた。精力的な研究を行っていたのは、兵庫県水産試験場の伊丹宏三《いたみこうぞう》氏らで、マダコを対象として孵化稚仔の育成試験を重ねた。これらの研究を通じて、マダコが孵化後に2週間〜3週間の浮遊期を持ち、その後に着底して成体と同様の底生生活を送るようになるという生活史初期の特性が明らかにされた。また、伊丹氏らの研究により、マダコの浮遊幼体が甲殻類のメガロパ幼生を捕食することなど、餌の嗜好性《しこうせい》も明らかにされていった。

しかし、ペレットのような人工餌料を稚ダコは摂取しない。そのため、餌として甲殻類など本物の海洋生物を与え続けなければならない。また、飼育下で浮遊期を経て着底期に至る稚ダコは決して多くはなく、その間の死亡率も高かった。

一定以上の成体のタコを得ることができなければ養殖には適用できない。多くの卵稚仔からわずかな大人しか最終的に残らないなら、養殖にはならないのである。

大量の天然餌料を与え続けることも大きな問題で、経費だけがかかることになる。タコの

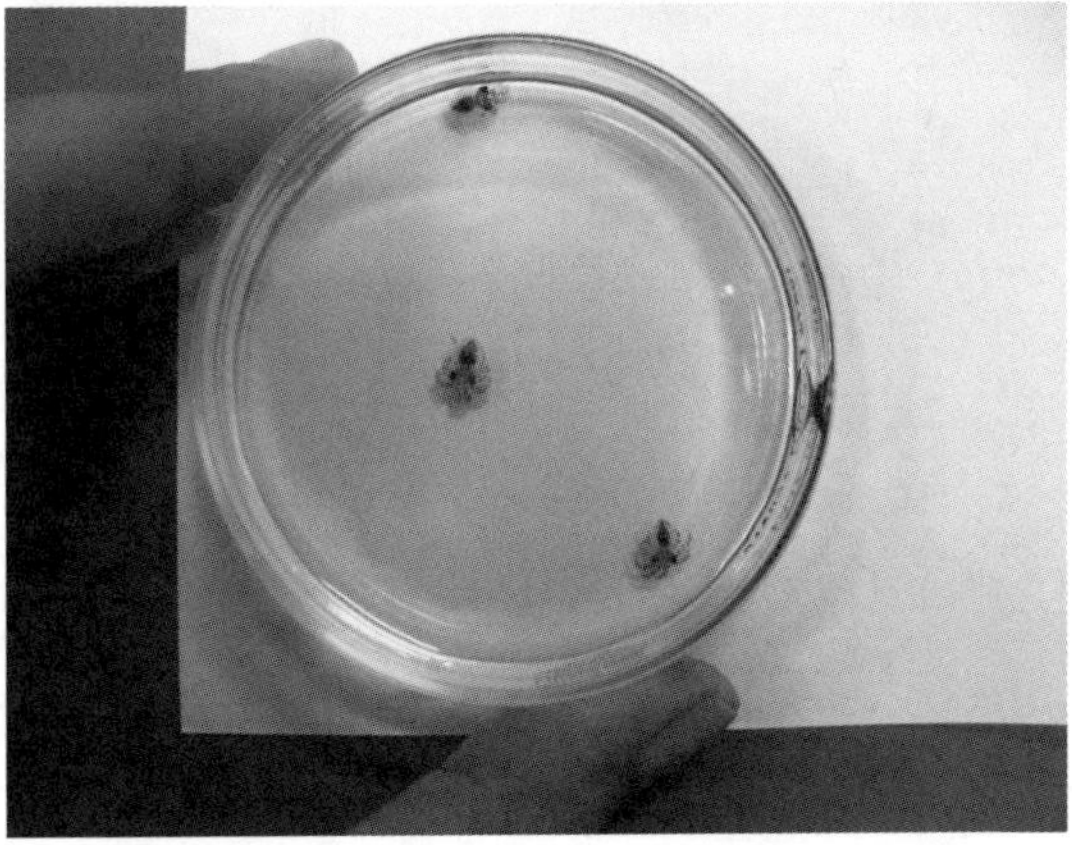

図4-6　ウデナガカクレダコ属の一種の着底個体（口絵 p.8）

魚価《ぎょか》はマグロなどに比べれば決して高くはない。そのため、高い経費を投じてわずかな尾数《びすう》のタコを育て上げてもコストに見合わないということになるのだ。それならば、船を出して海で育ったタコを漁獲する方がはるかに経済的で効率的である。これは産業という側面をもつ養殖を行おうとするときに必ず生じる問題である。

このような問題はあったが、タコを養殖しようという気運はあり、養殖に関する研究は栽培漁業センターなどの公的機関で行われてきた。一九九〇年代には、アルテミアを栄養強化して餌料とする取り組みがマダコで行われ、着底に至ることが確認された。アルテミアは微小な甲殻類で、乾燥卵を汽水《きすい》に入れると翌日には孵化する。これを餌料として与えるのだが、アルテミア自体の栄養価は低く蒟蒻《こんにゃく》のようなものである。そこで、DHA（ドコサヘキサエン酸）という多価不飽和脂肪酸《たかふほうわしぼうさん》をアルテミアにあらかじめ与えて摂取させ、これを稚ダコに与える。これが栄養強化と呼ばれる手法で、いわばアルテミアを介して稚ダコにDHAを食べさせるというものである。

アルテミアは乾燥卵から大量に孵化させることができるし、DHAも分離精製《ぶんりせいせい》されているので安定的に供給することができる。栄養強化アルテミアは、タコに限らず他の魚介類でも餌料として用いられているものである。しかし、アルテミアのみでは稚ダコの成長は必ずしも良好というわけではない。天然では浮遊期のタコは単一種《たんいつしゅ》だけを捕食するわけではなく、その餌生物には多様性があり、それらは栄養価に富むと考えられる。餌生物について、飼育下と自然下の間にはギャップがあるということだ。

この点については、栽培漁業センターや東京海洋大学などの共同研究で、甲殻類のガザミ幼生を浮遊期のマダコの餌として活用する試みが研究され、良い成績を収めた。ただ、ガザミ幼生は生体であり、これを餌として活用するには大量のガザミの親個体が必要となり、こちらには別途多くの手間と経費がかかる。養殖におけるコスト問題は依然残された課題となっている。

タコの完全養殖は、技術的には今世紀に入ってから達成された。スペイン海洋研究所のホセ・イグレシアス博士らはチチュウカイマダコを対象として完全養殖に成功し、その成果を『アクアカルチャー・インターナショナル』誌に二〇〇四年に発表した。

イグレシアス博士らは、飼育下で産卵されたチチュウカイマダコの卵塊を出発点として育成を始め、孵化、浮遊期、着底期を全て飼育下で管理し、八ヶ月間を経て性成熟した個体を得ることに成功している。

ここでは浮遊幼体の餌として、アルテミアと甲殻類のゾエア幼生を用いている。性成熟した個体のうち、交接行動が見られ、交接した雌一尾がその後、産卵して死亡した。つまり、チチュウカイマダコの全生活史を人為管理下に置いたことになり、完全養殖が成功したわけである。ただ、育成したタコの生残率は非常に低く、成体に至るまでの生残率はわずか1・5パーセントである。飼育開始時の孵化個体は２０００個体であったので、成体に至ったのは30個体ほどという計算になる。

スペインはタコを日本に輸出している国でもあり、元来、タコの養殖研究は活発である。

完全養殖の研究の他に、タコをケージに入れて海中で長期間飼育するというユニークな研究も行なっている。

チチュウカイマダコに続き、日本産のマダコの完全養殖も成功した。こちらは、ニッスイ中央研究所大分海洋研究センターによる成果で、二〇一七年にニュースとして公表された。ここでは、数千尾の浮遊幼体のうち、数十尾が着底期の稚ダコに成長し、孵化後9ヶ月〜11ヶ月で交接と産卵が見られたという。孵化から着底に至るまでの生残率はおおよそ1〜数パーセントということになる。

卵から成体までの全過程を人為管理下に置くことが完全養殖ということであれば、これまでに紹介したチチュウカイマダコの研究例もマダコも完全養殖ということができる。しかし、これら二例に共通するのは成体に至るまでの生残率の低さである。何千個体という孵化稚仔がいても、最終的に残るのが数十個体、数個体ということであれば、産業としての養殖にはならない。コストに見合わないのである。

実用的なタコの完全養殖を実現させるためには、生残率を上げることが求められる。そのポイントは、浮遊期の生残率をいかに保つかということである。前述の二例では、つまるところ浮遊幼体が大量に死亡し、その中でわずかに着底したものが成体になったという様子が見てとれる。この点を解決しなければならない。

そもそもなぜタコの浮遊幼体は弱いのだろうか。この問題を飼育環境という点から解決したのが、当時、瀬戸内海区水産研究所にいた團重樹《だんしげき》博士（現東京海洋大学）らの研究グループである。

水槽内で育てているマダコの浮遊幼体をよく観察すると、栄養強化したアルテミアやガザミのゾエア幼生を捕獲する。しかし、生残率は高くならない。このことは、捕食は試みているがそれが最終的な摂取に至らないことを示唆している。

團博士らはマダコ浮遊幼体の動きを注意深く観察した。すると、餌を捕獲した稚ダコが水槽内に生じる下向きの流れに押されて水槽底に運ばれ、そこから浮上する際に餌を離すことを見出した（図4-7上）。せっかく、捕獲した餌を失っていたのである。

浮遊幼体は水塊中に留まることができなければ、捕獲した餌を食べることは難しい。天然環境ではタコの浮遊幼体は常に水塊中に留まることができるのではないか。このような発想のもと、團博士らは水槽システムに工夫を凝らし、上に向かう流れ、湧昇流が生じるようにした（図4-7下）。これにより、タコの浮遊幼体は下降しても再び上層に運ばれ、水槽底に落ちてしまうことがなくなる。この仕組みは奏功《そうこう》し、マダコの浮遊幼体の生残率は格段に高くなった。この研究成果は養殖学の専門誌である『アクアカルチャー』に二〇一八年に発表された。浮遊期のタコを安定的に育成する道筋がついたのである。

完全養殖は単に対象生物の全生活史を人為環境下で再現すれば良いわけではない。最終的には、水産物として出荷できるだけの個体数を得られなければならない。また、そこに至るまでの経済的なコストも、利益に見合うものでなければならない。

新たな水槽システムの導入により、マダコの浮遊幼体の生残率を高くすることができた意義は大きく、タコの養殖研究では画期的なものということができるだろう。

一方で、浮遊幼体がガザミ幼生など生きた海産生物を餌としなければならない点は完全養殖を考える上では大きなネックである。タコを育てるためにガザミという別の生物も育てなければならず、これは大きなコストとなる。飼育スペースも余計に必要となる。これを解決するには、タコの浮遊幼体が捕食する人工餌料の開発が必要である。

イカも含めて、頭足類の人工餌料は開発されていない。これは浮遊幼体に限る話ではな

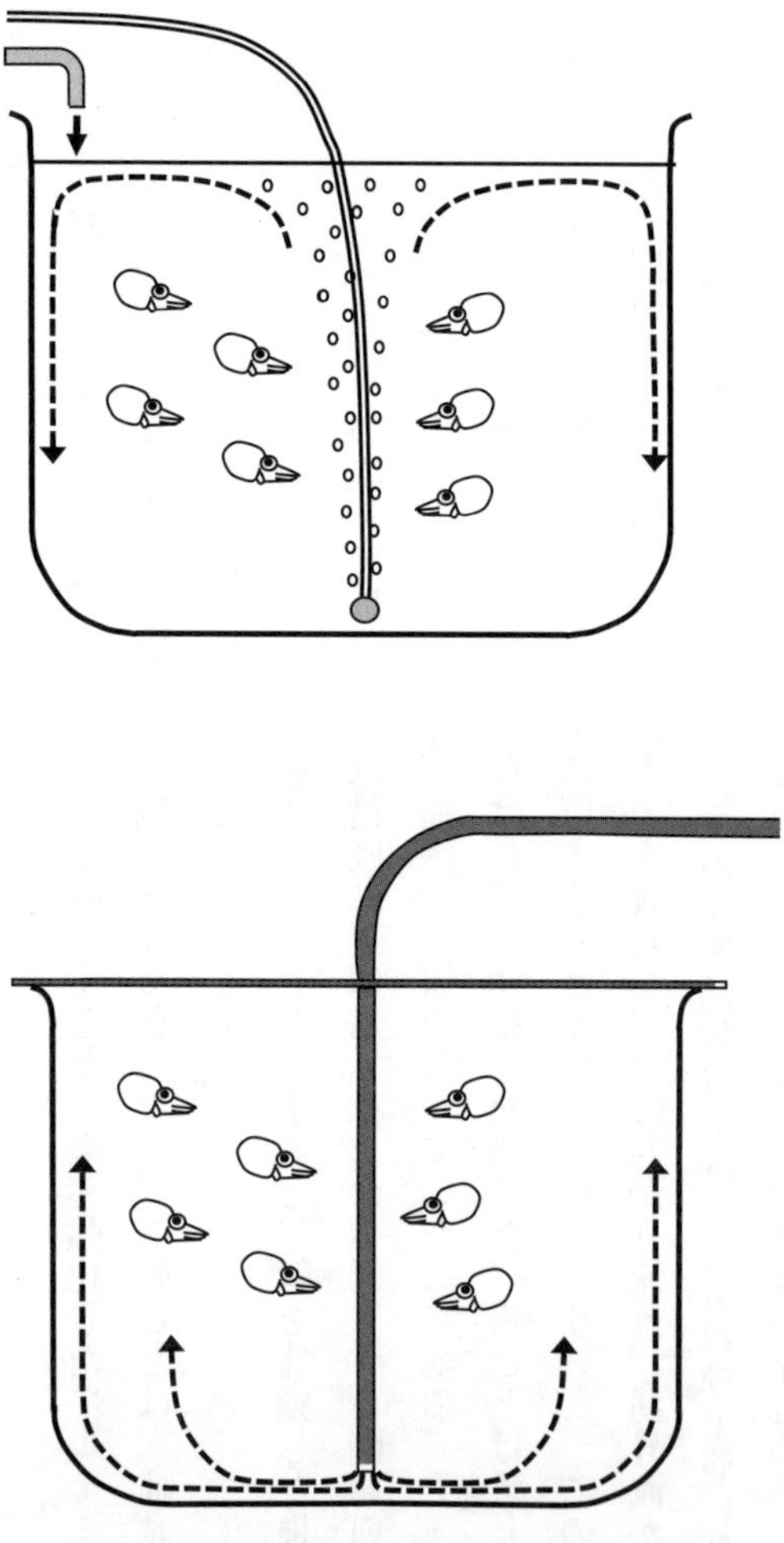

図4-7　マダコ稚仔の養殖。上：従来のマダコ稚仔の飼育水槽、下：新たに開発されたマダコ稚仔の飼育水槽。（S. Dan, H. Iwasaki, A. Takasugi, H. Yamazaki & K. Hamasaki, Aquaculture, 495, 98-105, 2018をもとに描く）

く、タコとイカを全成長過程にわたり飼育する際に付随する問題である。

産業となり得るタコの完全養殖の実現に向けて、タコの赤ちゃんの離乳食、それも大量にかつ安価に製造できる離乳食を作り出すことが必要である。養殖において日本は多くの実績がある国の一つである。魚食文化をもつ日本ならば、この難しい課題もいずれ解決する日が来ることが期待される。その時には、タコがもっと私たちに身近で美味なものになっているだろう。

タコ学の源流

本書の中で欧州の研究者がタコに関わってきたことに触れた。前節で述べた通り、スペインはタコの養殖研究を活発に進め、完全養殖を世界に先駆けて成功させた国である。また、前章で紹介したように、タコの学習と記憶に関しては、イタリアのナポリを舞台に欧州の研究者により精力的な研究が行われた。その象徴的存在が英国のユニバーシティ・カレッジ・ロンドンのJ・Z・ヤング教授であり、彼が原点となって発展したヤング学派の面々であった。

ヤング学派によるチチュウカイマダコの学習と記憶に関する様々な行動研究、そして脳の解剖研究は、タコが知的な動物であることを強く印象づけるものであった。本来はタコを食べることがない英国人が、タコの最もユニークな一面を解き明かしたことは注目に値する。ヤング教授はタコに限らず、動物の神経系に興味を抱いた人だが、そのような科学的好奇心が、自国でデビル・フィッシュとして忌み嫌《い》われたタコを研究することに駆り立てたのだろう。

ヤング学派が活躍した一九五〇年代、一九六〇年代から半世紀を経た現在、私たちがタコの学習能力について、あるいは脳内の基本的な構造について多くの知識を得ることができるのは、ヤング教授らの一連の研究のお陰ということができるだろう。

また、ヤング学派がナポリでチチュウカイマダコを研究していた頃、日本でもタコの研究は進められていた。ただ、それは既に紹介したように養殖など水産に関わるものであった。あるいは、タコの分類に関わるものもあった。古来よりタコを食べる日本にとって、タコを安定的に得ること、その対象となるタコにどのような種類があるのかを把握することは、重要な課題であった。日本のタコ研究の動機付けには、タコを食として活用する人間生活があったといえるであろう。

このように見ると、タコの基礎科学的側面は英国の人々により、ひたすらその知的好奇心に基づいて行われたとの印象をもつかもしれない。タコを食することがない異国の人々により、タコを多く食べる日本の人々がタコのユニークな生物像を教えられた。タコ学の源流は英国にあった。そのように見えるかもしれない。しかし、史実は少し違う印象を与える。

ヤング学派が躍進した陰には、一人の日本人の存在があったのだ。その人は瀧巌《たきいわお》（図4-8）。瀧は大正から昭和にかけて活躍した科学者で、第一章で少し触れた人だ。実は、ヤング教授らは瀧の研究を参照し、展開して行ったのである。タコ学の重要な一面として、その礎《いしずえ》を築いた人についてここで述べよう。

以下は、東京水産大学（現東京海洋大学）名誉教授で頭足類研究を世界的に牽引《けんいん》した奥谷喬司《おくたにたかし》博士が、日本貝類学会の和文誌『ちりぼたん』一五巻二－三号に「瀧先生の頭足類研究」として一九八四年に寄稿されたところと、一九六一年に発刊された『貝類学雑誌』二十一巻四号「瀧巌先生還暦祝賀記念号」に記されたところによる。

ヤング教授らがイタリアのナポリにあるアントン・ドールン臨海実験所を拠点に、目の前の海に生息するチチュウカイマダコを実験材料として学習や記憶に関する研究を展開し始めたのは一九五〇年代である。

行動実験という手法で行われた一連の研究では、タコを一定期間飼育することが必要であった。それはヤング教授たちにしても初めての試みであったわけだが、当時彼らが参考としたのが瀧巌博士による日本産マダコの飼育法である。

瀧巌は一九〇一年（明治三四年）愛媛県松山市に生まれた。小学生では蝶の採集に興味を持ったが、松山中学入学後は貝類の採集に興味が移った。中学四年の時に高縄山《たかなわさん》で採集した貝には、タキギセル（キセルガイの一種）の名前が付いた。広島高等師範学校理科第三部（博物・地理）を一九二四年に卒業してから、福岡県立中学伝習館《でんしゅうかん》教諭となり、この間に貝類の収集も行っている。一九二五年、京都大学理学部動物学科に入学し、一九二八年に卒業するとともに同大の瀬戸臨海実験所に嘱託として勤めた。ちなみに、瀧の兄も貝類の研究者であり、ヒザラガイに関する論文を兄弟共著で発表している。一九三三年、新設された広島文理科学大学（現広島大学）の附属臨海実験所に助教授（現在の職階で言えば准教授）として赴任した。

この臨海実験所は尾道市外向島西村にあった。創設当初で設備らしいものがない中で、瀧はマダコの飼育、その生理的実験を行った。

それらの実験が完成しない間に太平洋戦争を迎えた。瀧に言わせれば、鈍才《どんさい》であることと相まって遂に意を達し得なかったとの自評であるが、瀧はこの時の研究を「生理実験用にタコを飼育する方法，並にその手術方法に就いて」という英文の論文として、一九四一年、『中国・四国・瀬戸内海産動物研究報告』第八号に発表している。

水槽内でのタコの様子を写した写真を載せた詳細な記述から構成されるこの論文は、タコの飼育方法について書かれた初めての論文と言えるだろう。また、現代にあっても通用する、タコの飼育方法、その取り扱い方を詳しく述べた論文である。

英国のヤング教授はもともと解剖学者である。対象生物を飼い、それを観察するという手法は同教授にとっては未知であった筈だ。殊に、タコは英国では嫌われており、実験用

図4-8　瀧　巌（1901-1984）（貝類学雑誌43巻３号1984年より転載；写真は1971年撮影のもの）

のモデル動物などではなかったものである。それを調べていくには、飼育という手法がどうしても必要であった。それを極東の日本人が成功させていた。

ヤング教授は瀧博士が確立したマダコの飼育法を参考にした。彼は瀧博士が記した前述の英文論文を読んだのであろう。今では科学論文を英語で書くことは普通であるが、そのような慣習も希薄だった一九四〇年代初めに英語で記された瀧の論文は、英語圏にいたヤング教授も容易に読むことができたであろう。

何よりも、瀧自身が悪戦苦闘し、様々な試行錯誤があったと察せられるタコの飼育法について、科学の共有財産として論文にまとめて公開したことで、遠い異国の研究者がそれを情報として取り入れることができた。その点は、瀧博士の科学者としての誠実さが成し得た業《わざ》と言えるであろう。

ヤング学派の精力的で体系的なチチュウカイマダコ研究は、飼育実験に基《もとい》を置いていたが、彼らがそれを行い得たのは、尾道の臨海実験所でマダコの飼育法を見出した瀧博士の研究に負っている。戦争の最中《さなか》にあって、得られた知見を論文として発表する労を惜しまなかった一人の日本人研究者が多大な影響を与えたことは間違いない。

このように見ると、タコ学の源流はタコをこよなく嗜好する日本にあったといえるのではないだろうか。瀧博士は後に広島大学教授となり、広島大学退官後は複数の大学で教鞭《きょうべん》をとった。一九七一年に勲三等旭日中綬章《くんさんとうきょくじつちゅうじゅしょう》を受賞し、一九八四年にこの世を去った。奇しくも、私が大学に入学した年であった。

タコの文化私感

本章の最後に文化としてのタコについて少し見ておきたい。ただ、このような分野は本来、文化人類学や民俗学、あるいは社会学という分野の専門家が語ることのできるもので、私はそこから遠いところに立っている。そのため、以下は生物学の面からタコに関わってきた一研究者の私見と捉えていただければと思う。

タコを好んで食べる日本人にとって、タコは食としてはもとより、ときに精神世界にも入り込んでくる存在であるといえるだろう。その一つの現れが全国にかなりの数があると思われる蛸薬師《たこやくし》である。

蛸薬師が各地にできる由来はその場所により様々であるようだが、タコが一種の信仰対象やご利益の対象となっている点では共通している。私はそちらの方の信心はないが、蛸薬師では眼病や腫物などの治癒をタコに願うということがあるようだ。現代社会において、どのくらいの人々がこのような信仰をもつのかは定かではないが、東京のような大都会にも蛸薬師は今も存在している（図4-9）。

蛸薬師と同じく、人々がタコに近しさを抱いていることを思わせる場所もある。大阪府岸和田市にある蛸地蔵《たこじぞう》駅がそれである

大阪で開かれた学会に出向くため、私は関西空港から南海本線に乗り、大阪市街を目指していた。そのときに、「次は蛸地蔵」とのアナウンスが車内に流れ、思わず窓外に目をやっ

た。この駅に立ち寄る機会はなかったが、その昔、一揆が勃発した際に数千のタコが岸和田城を守ったことに由来して、蛸地蔵との駅名がついたそうである。実際にそのような史実があったかはともかく、タコが公共交通機関の正式な駅名になっているのは日本くらいのものだろう。

また、蛸祭《たこまつり》という、タコをモチーフとした祭りが、愛知県日間賀島《ひまかじま》と石川県能登島《のとじま》にあり、今も年間行事として開催されている。ちなみに、北海道函館市では食べ物としてのイカに関するイベントして「函館いか祭り」があるそうだ。

ここで概観的に記したタコの民族学については、刀禰勇太郎《とねゆうたろう》著『蛸（ものと人間の文化史）』（法政大学出版局）と平川敬治《ひらかわけいじ》著『タコと日本人』（弦書房）に詳しい。タコと日本人との関わりはこれら大先達《だいせんだつ》の力作に譲り、以下、私的感覚を織り交ぜたタコ観を述べたい。

昨今、巷では『イカゲーム』というドラマが話題となっているそうだ。韓国で制作されたもので、サバイバルを扱ったものである。ドラマの内容は高見広春《たかみこうしゅん》の小説『バトル・ロワイアル』をやや彷彿とさせるも

図4-9　東京都目黒区にある蛸薬師の成就院。上：境内に掲げられた額、下：奉納絵馬。

のだが、イカゲームといいつつもイカの要素はほとんどないドラマである。ただ、それでもこのドラマの影響か、二〇二一年現在、イカが日本でにわかに注目されているとの風聞がある。こうなると、タコがイカに押され気味となり、たこ焼きなどタコを扱う業界の人々がタコ人気を心配し始めるという雰囲気が生まれるという。

実際、そのような事情からとあるテレビ番組でタコを取り上げることになり、イカよりもタコが優っている事柄をあれこれ話すというコーナーにタコの研究者として筆者が呼ばれるということがあった。ともあれ、イカの名がつくドラマからイカやタコの話が広がるのは、いかにも日本独特との思いを抱かせる。

もっとも、キャラクターという意味では、イカよりはむしろタコの方が日本人には馴染み深いのではないかと思う。例えば、古くは田河水泡《たがわすいほう》の漫画に『蛸の八ちゃん』があるが、これはタコが主人公である。また、主人公ではないが、赤塚不二夫《あかつかふじお》の漫画『ダメおやじ』には主人公の息子として「タコ坊」が登場する。タコ坊は顔がタコに似ている男の子である。一方、イカが主人公となるのは、二〇〇〇年を越えて登場した安部真弘《あんべまさひろ》の漫画『侵略！イカ娘』で、こちらは最近の感がある。

筆者は大学院からイカを研究してきたが、周囲に目を凝らすと、漫画にしても人形にしても、何らかのオブジェにしても、イカよりはタコの方がキャラクターとして多く登場する印象を受けてきた。そのようなわけで、イカのキャラクターがあると気になるようになった。筆者に収集癖はないが、それでも一つ二つとイカの小物が集まってきた。図4-10上は拙宅に設《しつら》えたイカキャラクターの一角である。どこかで目についたり、人から貰ったりしたものを飾っているが、イカを描いたり象《かたど》ったりした物は意外に少なく、このようなイカ物は結構貴重である。ただ、よく見るとタコ物が少し混じっている。イカを選別しているつもりでも、どうしてもタコが顔を出すのだ。これもタコキャラクターの潜在的多さを示唆している。

図4-10下は私の研究室で頭足類のキャラクターを置いた一角である。こちらも意識的にイカ物を多く配置している。頭足類ということでこのようなキャラクターを集めだすと、どうしてもタコ物が多くなるからである。これらの頭足類キャラクターは、選挙の出口調査のような統計指標にはなり得ないだろうが、日本で販売されている様々なキャラクター商品はおそらくタコの方がイカよりも多いだろうと思われる。そうなると、タコの方がイカよりも日本人にはより近しい存在ということが考えられる。少なくともそのような可能性は考えられる。そうだとしてそれはなぜか。

一つには、タコの方がイカよりも絵として描きやすいからではないだろうか。

図4-10　蒐集した頭足類のキャラクターを置いた一遇。上：著者拙宅、下：著者研究室。

イカもタコも鞘形亜綱という、体が筒状であるという頭足類のグループに所属している（第1章参照）。これは外套膜の形状を言い表したものである。ただ、筒状あるいは円筒状の外套膜はタコよりもイカにより顕著に見ることができる。それは、イカの外套膜の形状が筒状に保持されるのに対して、タコの外套膜の形状は変化しやすいからである。

第1章で述べたように、イカの外套膜には脊椎動物の背骨のような軟甲や甲が入っている。そのため外套膜の形が大きく崩れるようなことはない。一方、タコの外套膜には軟甲や甲は入っておらず、縦横に形が変わる。加えて、イカには鰭がある。タコにもメンダコのように鰭をもつ有鰭亜目の種がいるが、これらは食用にはなっておらず日常生活で目にすることはないタコたちである。つまり、私たちが多く目にするのは無鰭亜目の鰭のないタコたちであり、タコのイメージはここから作られる。

以上のような事情を背景として、イカとタコを描こうとした場合、前者のイカでは円筒形の胴体に加えて鰭を描かなければならない（図4-11）。鰭の形はどのようなものであったか、鰭と胴体の大きさの比率はどのようなものであったかなどと、改めて思い出すことになる。描かねばならない要素が複数で、かつ、それらの関係性を再現しなければならない。これに対して、タコは丸い胴体を描けば良い。円筒形あるいは長方形に三角を絶妙な角度で配置しなければならないイカよりも、丸が一つのタコは圧倒的に描きやすい（図4-11）。

こういう事情で絵としてのタコはイカよりもぐんとハードルが低くなるのではないだろ

うか。例えば、子どもが海の生き物を描く場合、おそらくイカよりはタコの方が多く描かれているのではないだろうか。

タコの方がイカよりも日本人に近しい存在となる第二の理由。それは同じくタコの丸いフォルムにあると思われる。前述したように、タコの外套膜の形は本来変化するもので、特定の形に終始保たれているわけではない。このことは、本書に載せた様々なタコの写真を見直していただければ首肯いただけるところかと思う。このような変化する外套膜をもつがゆえに、タコは完璧とも思える隠蔽を行い得るのだ。しかし、これまで述べたタコの丸いフォルムはこのことと矛盾するように見える。それもタコと人間生活との関わりの中に解《かい》があるように思う。

日本で食品として出回るタコは茹でたものが多い。茹でるとタコの外套膜は丸くなり、そして8本の腕が反った出立になる。腕を上手く反らせるように茹でるには技術がいるそうだが、茹でたタコは丸い外套膜と8本の腕という格好になる（図4-12）。ここから丸みを帯びた、タコのイメージができ上がるように思われる。キャラクターとしてのタコの

図4-11　頭足類のキャラクター。上：キーケース、下：ケーキのデコレーション。矢印はイカの鰭。

原型は茹で蛸にあるとの考えだ。さらに、丸みを帯びた生き物は可愛らしい印象を与える。これは人間が生まれながらにしてもつ特性との考えがある。

動物行動学という分野を創生したオーストリア出身の学者、コンラート・ローレンツは「刷り込み」という現象を見出した人であり、一九七三年にノーベル生理学・医学賞を受賞した人である。『ソロモンの指環』など、動物の行動を面白く描いた啓蒙書の著者としても知られる。

ローレンツは、人間の幼児がなぜ可愛らしいという印象を与えるのかを幼児のもつ外見的特徴から説明している。人間の幼児のもつ、相対的に大きな頭、過大な頭蓋重量、頭の中で下方にある大きな目、ふっくら膨らんだ頬、太く短い手足、しなやかで弾力性のある肌、不器用な運動様式といったものが、子どもや人

図4-12　茹でられたタコ（写真はイイダコで外套膜の内側にウズラの卵が入っている）。

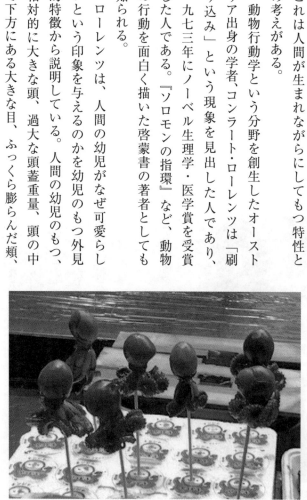

形や動物のような「身替り模型」を可愛らしくまたは愛らしく見せる主な特徴であると述べている（図4-13）。様々なタイプの動物はこれらの特徴を明確に抽象している。

このようなローレンツの解釈を当てはめれば、丸みを帯びたタコのフォルムは可愛らしいという印象を与えるのだろう。描きやすく可愛らしいという印象を与えるタコが近しい存在となり、関連するキャラクターや蛸薬師のような信仰も広がったのではないか。少々雑駁《ざっぱく》かもしれないが、タコとイカに対する印象の違いに私なりの解釈を加えてみた。

一方、本書でも触れた、タコの学習研究や脳研究を推し進めて学問の一時代を築いたヤング学派の面々を輩出した英国は、タコをデビル・フィッシュ（悪魔の魚）として忌み嫌ったという歴史がある。丸みを帯びたものを可愛らしいと感じる特性は国境を超えて人間に特有なものとの考えを先に示したが、デビル・フィッシュはこのことと矛盾するような話である。

このような齟齬《そご》が生じた一因は、そもそも英国ではタコを食べることがないので丸みを帯びた茹で蛸を見る機会自体がなかったことがあるだろう。タコを食べる食習慣がかつて英国でなかった要因としては、キリスト教信仰に関係しているとの解釈もあるようだが、事実はよく分からない。あるいは、食べるより先に、タコが海の怪物であるクラーケンとして描かれ、それが英国人にタコのイメージを作り上げ、悪魔の魚として昇華したのかもしれない。そうであれば、これはローレンツのいう養育衝動とは全く別の要因で形成されたタコ観ということになるだろう。

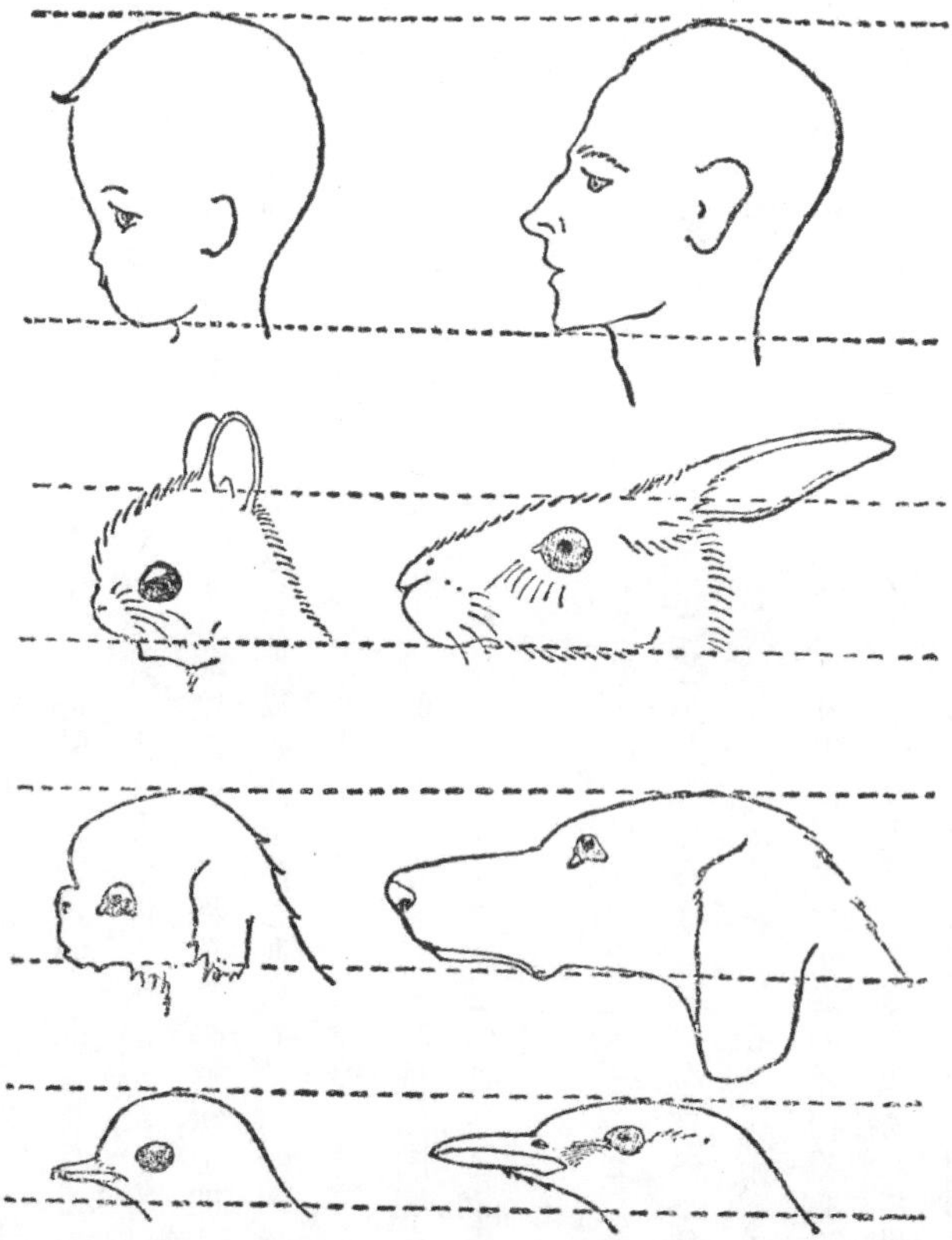

図4-13　人間の養育反応を解発する図式。左側は「かわいらしい」と感じられる頭部のプロポーション（幼児、アフリカトビネズミ、チン、ロビン）、右側は養育衝動を解発しない近縁のもの（大人、ウサギ、猟犬、コウライウグイス）。（コンラート・ローレンツ著、丘　直通・日高敏隆訳『動物行動学 II』［思索社］より転載）

持論を続けよう。ローレンツが述べた養育衝動の現れなのか、異国の人々にも類似の感覚はあるようだ。

数年前、国際シンポジウムでカナダ東岸に出かけた折に、ハリファックス市にあるダルハウジー大学を訪ねた。海洋学で名高い同大学のシェリー・アダモ教授がホストとなり、私の講演会を開いてくださったのだ。

ハリファックス市は大西洋を望む港町で、漁業も盛んである。そんなハリファックスの街を歩いていると、タコの大きなオブジェに遭遇した（図4-14）。街中の広場に置かれたそのオブジェは、漫画的にタコを描いたものだったが、明らかにタコに親和性を抱いていることを窺わせるものであった。カナダ人がことさらにタコを好んで食べるという風習はないであろうが、仮に食としての嗜好性がなくても、タコは親近感をもったキャラクターと成り得るのだろう。

こうして見れば、デビル・フィッシュという感覚の方があるいは特殊なものなのかもしれないとも思えてくるが、真偽のほどは歴史学的、民族学的な精査に委ねたい。

タコに親近感を覚える共通性が万国にあるかもしれない一方で、日本には独特なタコ文化があるのもまた事実かと思われる。それは食に現れている。日本以外にもタコを食べる国はあるが、食べ方の多様性では日本は世界一だろう。その例として以下二点を挙げたい。

タコの小片を小麦粉の生地に薬味とともに入れて丸く焼き上げるたこ焼きは、料理の傑作である（図4-15上）。たこ焼きは大阪発祥ではあるが、大阪人に限らず日本人のソウルフードと言っても良いのではないだろうか。

たこ焼きに似て非なるものが明石焼きである。これは玉子焼きとも呼ばれるもので、大阪の隣県、兵庫県明石市の郷土料理である（図4-15下）。丸い球体である点はたこ焼きに似るが、たこ焼きより柔らかく、綺麗な器に載せられて登場する点が異なる。出汁《だし》につけて箸で食べる点もたこ焼きとは大いに異なる。私的感覚だが、明石焼きは上品なたこ焼きといったところだろうか。球体をしたタコの料理にこのように絶妙な差異があるのは、世界広しといえども日本だけだろう。

明石焼き発祥の地、明石市を訪ねてみると商店街にはタコが様々な形で並べられている（図4-16）。ブランドとされる明石ダコは大きな干物に、マダコは丸ごと煮てタコを象徴する丸い形に。丸いタコは看板にも可愛らしいキャラクターとして描かれている。人とタコが緊密である場所。そんなことを強く感じさせる空間がそこにはある。様々

図4-14　カナダ東岸のハリファックスで見かけたタコのオブジェ。

な形で並ぶタコを見ていると、日本に生まれたことの妙と幸福を思わされる。

タコに愛らしいものや親しさを感じるのは、人間のもつ生得的特性に根ざすものなのかもしれない。一方、タコに対する感覚の多様さ、奥深さという点では、日本は極めてユニークな場所といえるのではないだろうか。それはまた、タコ学を推し進める場としてもオンリーワンのところと言えるかもしれない。

図4-15　日本独特のタコ料理。上：たこ焼き、下：明石焼き。

図4-16　明石市にある商店街の風景。

海の主

沖縄にはエギングのポイントがたくさんある。私は下手の横好きだが、懲りずに港に行く。コンクリートの防波堤でイカ釣りの竿を振るのだ。目当ては、イカの王様と呼ばれるアオリイカだが、ときにイカ以外のものが餌木にかかる。

沖縄本島南部にある漁港はお気に入りの場所だ。目の前に外海が広がり、遠くには大型船も見える。反対側には標高の低い山々が並び、その風景を見ているだけで心地が良い。

その日は意外なものが餌木にかかった。タコだ。水面下の平らな岩に幾筋かの溝があった。その溝にタコが潜んでいたのだ。餌木が海底の岩に引っかかることを根がかりというが、これは根がかりならぬタコがかりだ。

タコは餌木ごと岩の溝を進もうとする。釣り糸がピンと張られ、竿がしなる。少し竿を引いてみたが、タコはさらに前進を試みた。すごい力だ。八本の腕力は想像以上に強靭《きょうじん》だ。

ギギギと釣り糸を巻いたリールが音を立てる。このままでは釣り糸が切れるか、竿を離さなければこちらが落水する。タコとの緊迫した攻防が続く。少し力を緩めたり、ま

沖縄本島南部で捕獲されたタコ

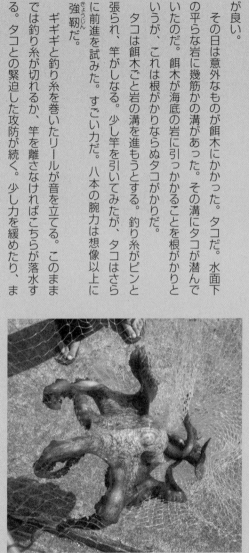

た引いてみたり。見知らぬ親子が、タモ網を出して捕獲劇を応援してくれたが、タコにはわずかに届かない。

突然、竿にかかる力がふっと抜けた。釣り糸をタコに切られたようだ。タコとの攻防は、タコがその怪力を見せつける形で終わった。

しばらく後に、先ほどの親子が件のタコが岩陰から出てきたところをタモ網で首尾よく捕まえた。網にかかったそれはワモンダコのように見えた。

「この辺りの主《ぬし》じゃないか」

通りかかった地元の紳士が一声かけ、笑いながら過ぎ去った。

陽光に体色を映した海の主は、捕まってもなお堂々としていた。

あとがき

私の書棚に一冊の本がある。一九八二年刊行の『川の魚たちの歴史―降海と陸封の適応戦略』（中央公論社）という新書で、前川光司《まえかわこうじ》、後藤晃《ごとうあきら》両氏により書かれたものだ。

この本を私が手にしたのは、一九八四年が明けてまだ左程の月日が経っていない時のことだった。当時、私は大学受験を控えた浪人生。東京で育ったものの、はるか遠方の北海道大学を志望していた。

当時は共通一次試験と称し、後にセンター試験、さらに今は共通テストと呼ばれるようになった全国で同日一斉に行われるテストを受け、自己採点した。思うようなスコアを叩き出せなかった私は、迷った挙句に「北海道大学教養部水産系」と願書に記入し、札幌へと郵送した。水産学部に進むコースを志望先としたのだ。もとより私は水産という世界に関心はなかった。むしろ、基礎科学を旨とする理学部に心を寄せ、北の学舎で生物学を専攻することを夢見ていた。それが応用科学を旨とする水産学部に羅針盤の向きを急遽変えたわけだ。

その昔、霊長類学という分野を牽引し、独自の進化論を展開した京都大学の今西錦司《いまにしきんじ》博士は、ご自身が旧制の第三高等学校の学生であった頃、京都帝国大学（京都大学の前身）の理学部に進むか農学部に進むか迷い、最終的には農学部に進んだという。その理由は、農学部の方が空き時間が多くあり、山に行くための時間をとれるからというものであったそうだ。後に知の巨人となる今西学徒は、登山家であり冒険家であった。そのため、大学での学問もさることながら、大好きな山行きは第一優先事項であったのだ。

大家の進路選択に比べると、私の場合は受験の渦中での諸般の事情で志望先を第一志望から、より合格の可能性が高い第二志望、あるいは第三志望へと刹那的に変えたという、多くの受験生にありがちな理由であり、今西先生のように格好良い理由ではなかった。

願書は提出したものの、水産という世界は私にとって馴染みあるものではなかった。ただ、その対象は水の住人である魚や海藻になるけれど、生物学はできそうだという点だけが希望であった。北の大地に大志を抱いた私が水産学という分野に目をつけ、いつ終わるとも分からない受験戦争を終結させようと目論んだのは、まさにそのためであった。とはいえ、これは悲痛な決断であり、挑戦する回数が限られた日本独特の受験システムにおける止むに止まれぬ選択であった。私は不安と暗澹たる心境の中にあった。

そんな折に父から手渡された本が『川の魚たちの歴史』であった。実は、この本の著者、前川、後藤の両氏は北海道大学の教官で、後藤氏は水産学部に籍を置いていた。自然科学分野の大学教官であった父は、息子が突然のように言いだした北海道大学の水産学部という所がどのような場であるのか、本屋に足を運びそこで目にした書籍を通じて私に示してくれたたわけだ。

「北大、けっこう頑張ってる」。父はそう言って、私にかの本を手渡した。活発に研究が展開されているかどうか。それがその当時、国立の工学系単科大学で国際的な研究を展開していた父の判断基準だった。遠く北の国にある大学が、東京で受験を間近に控えた青年に水産学という未知なる分野の力強さを物語ってくれたのだ。

あれから四十年近い歳月が流れた。私は首尾よく北海道大学に入学し、砂漠といわれた教養課程を生き抜き、専門課程では希望していた水産学部水産増殖学科に進んだ。この学科は後の機構改革で姿を消したが、生物学をベースとした基礎科学的色彩の濃い学舎だった。当初の思惑通り、私は水産学部に在って動物学や植物学の濃厚な教育を受け、それらを堪能した。対象はなるほど、海の中、川の中、湖の中に住まう生き物たちであったが、もともと生き物に境界などはなく、彼らもまた生命を饒舌に語ってくれる者たちであった。『川の魚たちの歴史』の著者、後藤晃先生の講義も受けた。しかし私は、最終的には川の魚でも海の魚でもなく、イカを研究して北海道大学から水産学の博士号を受けた。恩師の勧めで、水産学分野でも研究者が少ないイカを調べる学徒になったのだ。そしてそれが生涯のテーマとなり、科学界全体から見れば数少ないイカ学者に私はなった。

こうなるとイカだけではなく、その近い親戚筋のタコにも目を向けるようになる。両者は頭足類という聞きなれないグループで、水産物としては日本人が嗜好してやまないものたちだが、その生物像となると謎が多い。とりわけタコが厄介だ。イカに比べると研究者の数がさらに少なく、その分、残された謎も多くなる。加えて、私が大学教官として赴任することとなった沖縄には、日本本土でお馴染みのマダコとは違うタコが何種類もいて、その生態となるととんと分からない。いや、まだ名前さえ付けられていないタコもいるようだ。

そんな場所に身を置いていると、タコを研究しないわけにはいかなくなる。イカとタコ、両方を詳しく調べて比べてみて、頭足類という動物のユニークな実像がわかるというものだ。このような考えのもと、いつしか私はタコ学者の暖簾も掲げるようになった。タコ学を推し進めることにしたのだ。本書を通じて、イカ学者とタコ学者の二刀流を標榜するようになった私が、タコに重点を置き、タコ学へ読み手を誘おうと試みた。はたしてその試みは成功したのか。成果のほどは知る由もないが、例えば人生の岐路に立つ受験生が本書を手に取り、かつての私が『川の魚たちの歴史』という一冊の本により勇気づけられ、その歩みに力を得たように、タコ学へ、あるいは琉球大学へと思いを馳せてくれるようなことがあるならば、それは著者の望外の喜びとなるところである。

『タコの知性』（朝日新書）、『タコは海のスーパーインテリジェンス』（DOJIN選書）に続き、本書は私が上梓した三冊目のタコの本になる。不思議なもので、タコの本を書かないかという提案を時同じくして複数の出版社からいただき、執筆や構想の時期が重なることとなった。何れの編集者の方からも、他の本と内容が同じになっても良いと言っていただいたが、個々の本には個性があると思い、それぞれの書を新鮮な気持ちで最初から書き下ろすように努めた。勿論、科学的内容を取り扱うために同じ事柄を述べた箇所もある。しかし、そのようなことも含めて、本書も最初から筆をとり、書き進めた。その点では、本書には本書のオリジナリティーがあると言える。

執筆の過程では多くの方々にお世話になった。

はじめに、本書の中にも幾人かが登場した琉球大学池田研究室の学生諸君に感謝の言葉を述べたい。自然科学の研究は孤高に行い得るものもあるが、研究対象である生物を自ら採集し、研究室で世話をし、その振る舞いを様々な形で観察、記録するという手法をとる私の研究分野では、ともに研究を進める同志が必要である。学生諸君は私にとってそういう存在であり、タコの不思議を一緒に追究する仲間でもある。ときに彼らの自由な発想から浮び出たものが、タコの素顔の解明に結びつくこともあった。卒業生、修了生も含めて、研究航路を共にした彼らに感謝したい。次に、成山堂書店の小川典子氏と赤石千尋氏には、本書を完成させる過程で多くの有益な助言をいただいた。

最後に、本書を令和になって生まれた二人目の孫、碧《そら》に捧げよう。濃く青い空の下に広がる海に、私たちとは違う生き物であるタコがいることをいつか君が知る日のことを思って。

2022年10月　まばゆい光が降り注ぐ沖縄にて

池田　譲

索引

欧文

あ行

か行

さ行

た行

な行

は行

ま行

や～ら行

池田　譲（いけだ・ゆずる）

1964年、大阪府生まれ

1993年、北海道大学大学院水産学研究科水産増殖学専攻博士課程修了。

博士（水産学）。スタンフォード大学、京都大学、理化学研究所を経て、2003年、琉球大学理学部助教授。現在、琉球大学理学部教授。

社会性とコミュニケーションを中心とした頭足類の行動学、養殖化を意図した頭足類の飼育学を研究している。

著書に『イカの心を探る - 知の世界に生きる海の霊長類 -』（NHK books）、『タコの知性 - その感覚と思考 -』（朝日新書）、『タコは海のスーパーインテリジェンス - 海底の賢者が見せる驚異の知性 -』（DOJIN 選書）、奥谷喬司編『新鮮イカ学』（東海大学出版）、琉球大学21世紀 COE プログラム編集委員会編『美ら海の自然史 - サンゴ礁島嶼系の生物多様性』（東海大学出版）がある。

タコのはなし
—その意外な素顔—

定価はカバーに表示してあります。

2022 年 11 月 18 日　初版発行

著　者　池田《いけだ》 譲《ゆずる》
発行者　小 川 典 子
印　刷　株式会社 丸井工文社
製　本　東京美術紙工協業組合

発行所 株式会社 成山堂書店
〒160-0012　東京都新宿区南元町 4 番 51　成山堂ビル
TEL：03（3357）5861　FAX：03（3357）5867
URL：https://www.seizando.co.jp
落丁・乱丁本はお取り換えいたしますので、小社営業チーム宛にお送りください。

ISBN978-4-425-95671-5

釣りたい！知りたい！楽しみたい！

成山堂書店の
海洋生物関連書籍

釣り人の知りたい情報や疑問からありがちな誤解までイカ釣りのスペシャリストが楽しくお伝えします。アオリイカがもっと好きになること間違いなし！

イカ先生のアオリイカ学（改訂増補版）
これで釣りが 100 倍楽しくなる！
富所　潤　著
定価 1,980 円（税込）

魚が食べられなくなる日はいつ来るの？どうすれば避けられるの？養殖のメリットはなんですか？などの疑問を水産資源の専門家がわかりやすく解説。

みんなが知りたいシリーズ 15
魚の疑問 50
高橋正征　著
定価 1,980 円（税込）

見てよし、食べてよし、釣ってよし。「イカの王様」と呼ばれるアオリイカ。25 年の研究をベースにした「日本で最初のアオリイカ徹底研究本」。

ベルソーブックス 041
新訂 アオリイカの秘密にせまる
―知り、釣り、味わい、楽しむ―
上田幸男・海野徹也　共著
定価 1,980 円（税込）

全国 21 の水族館から、飼育のプロで釣りが大好きな 29 名のアングラー飼育員がそれぞれ日常業務のなかでこっそり眺めた！ 試した！ 実践した！ 奇想天外な魚の生態を紹介！

水族館発！みんなが知りたい釣り魚の生態
―釣りのヒントは水族館にあった !?―
海野徹也・馬場宏治　編著
定価 2,200 円（税込）